玻璃、涂料、油漆
PPG 的解决方案

国际化的公司
创建于1883年，PPG工业公司广泛涉足涂料、玻璃等化工领域；
其年营业额超过100亿美元，名列美国财富500强。PPG在全球设
有180多家工厂及科研机构，雇员超过34000名。

世界领先的建筑材料供应商
PPG是世界上最具经验和创新精神的建筑材料供应商之一，提供
各种节能型建筑玻璃、性能卓越的金属涂料以及符合环保生态要
求的建筑涂料。

建筑表面解决方案的专家
PPG *IdeaScapes*™ 将产品、人员及服务进行合理的整合，平衡性
能、成本和环保等各方面需求，提供最优的建筑表面解决方案。

PPG *IdeaScapes*™ 以产品、服务和技术满足您对建筑的需求。欲
了解更多有关PPG以及我们的建筑材料的信息，请致电（8621）
6387 3355 ext.222或发送电子邮件到yanzhu@ppg.com。

www.ppg.com
www.ppgideascapes.com

左上：新广州白云国际机场（PPG室内建筑涂料）
左中：香港国际金融中心二期（PPG金属涂料）
左下：PPG国际总部，美国宾夕法尼亚州匹兹堡市(PPG 玻璃、
　　　PPG 金属涂料)
中上：香港国际展览及会议中心（PPG 玻璃）
右上：上海金茂大厦及君悦酒店(PPG室内建筑涂料)

Ideascapes, PPG和PPG的标志是PPG工业公司的注册商标。

PPG *IdeaScapes*™
玻璃·涂料·油漆

ARCHITECTURAL RECORD

EDITOR IN CHIEF	Robert Ivy, FAIA, *rivy@mcgraw-hill.com*
MANAGING EDITOR	Beth Broome, *elisabeth_broome@mcgraw-hill.com*
DESIGN DIRECTOR	Anna Egger-Schlesinger, *schlesin@mcgraw-hill.com*
DEPUTY EDITORS	Clifford Pearson, *pearsonc@mcgraw-hill.com*
	Suzanne Stephens, *suzanne_stephens@mcgraw-hill.com*
	Charles Linn, FAIA, Profession and Industry, *linnc@mcgraw-hill.com*
SENIOR EDITORS	Sarah Amelar, *sarah_amelar@mcgraw-hill.com*
	Joann Gonchar, AIA, *joann_gonchar@mcgraw-hill.com*
	Russell Fortmeyer, *russell_fortmeyer@mcgraw-hill.com*
	William Weathersby, Jr., *bill_weathersby@mcgraw-hill.com*
	Jane F. Kolleeny, *jane_kolleeny@mcgraw-hill.com*
PRODUCTS EDITOR	Rita Catinella Orrell, *rita_catinella@mcgraw-hill.com*
NEWS EDITOR	David Sokol, *david_sokol@mcgraw-hill.com*
DEPUTY ART DIRECTOR	Kristofer E. Rabasca, *kris_rabasca@mcgraw-hill.com*
ASSOCIATE ART DIRECTOR	Encarnita Rivera, *encarnita-rivera@mcgraw-hill.com*
PRODUCTION MANAGER	Juan Ramos, *juan_ramos@mcgraw-hill.com*
WEB DESIGN	Susannah Shepherd, *susannah_shepherd@mcgraw-hill.com*
WEB PRODUCTION	Laurie Meisel, *laurie_meisel@mcgraw-hill.com*
EDITORIAL SUPPORT	Linda Ransey, *linda_ransey@mcgraw-hill.com*
ILLUSTRATOR	I-Ni Chen

CONTRIBUTING EDITORS	Raul Barreneche, Robert Campbell, FAIA, Andrea Oppenheimer Dean, David Dillon, Lisa Findley, Blair Kamin, Nancy Levinson, Thomas Mellins, Robert Murray, Sheri Olson, FAIA, Nancy B. Solomon, AIA, Michael Sorkin, Michael Speaks, Ingrid Spencer
SPECIAL INTERNATIONAL CORRESPONDENT	Naomi R. Pollock, AIA
INTINTERNATIONAL CORRESPONDENTS	David Cohn, Claire Downey, Tracy Metz

GROUP PUBLISHER	James H. McGraw IV, *jay_mcgraw@mcgraw-hill.com*
VP, ASSOCIATE PUBLISHER	Laura Viscusi, *laura_viscusi@mcgraw-hill.com*
VP, GROUP EDITORIAL DIRECTOR	Robert Ivy, FAIA, *rivy@mcgraw-hill.com*
GROUP DESIGN DIRECTOR	Anna Egger-Schlesinger, *schlesin@mcgraw-hill.com*
DIRECTOR, CIRCULATION	Maurice Persiani, *maurice_persiani@mcgraw-hill.com*
	Brian McGann, *brian_mcgann@mcgraw-hill.com*
DIRECTOR, MULTIMEDIA DESIGN & PRODUCTION	Susan Valentini, *susan_valentini@mcgraw-hill.com*
DIRECTOR, FINANCE	Ike Chong, *ike_chong@mcgraw-hill.com*
PRESIDENT, MCGRAW-HILL CONSTRUCTION	Norbert W. Young Jr., FAIA

Editorial Offices: 212/904-2594. Editorial fax: 212/904-4256. E-mail: rivy@mcgraw-hill.com. Two Penn Plaza, New York, N.Y. 10121-2298. web site: www.architecturalrecord.com. Subscriber Service: 877/876-8093 (U.S. only). 609/426-7046 (outside the U.S.). Subscriber fax: 609/426-7087. E-mail: p64ords@mcgraw-hill.com. AIA members must contact the AIA for address changes on their subscriptions. 800/242-3837. E-mail: members@aia.org. INQUIRIES AND SUBMISSIONS:Letters, Robert Ivy; Practice, Charles Linn; Books, Clifford Pearson; Record Houses and Interiors, Sarah Amelar; Products, Rita Catinella; Lighting, William Weathersby, Jr.; Web Editorial, Randi Greenberg

McGraw_Hill CONSTRUCTION   **The McGraw·Hill Companies**

建筑实录 年鉴 VOL .1/2007

主编 EDITORS IN CHIEF
Robert Ivy, FAIA, *rivy@mcgraw-hill.com*
赵晨 *zhaochen@china-abp.com.cn*

编辑 EDITORS
Clifford A. Pearson, *pearsonc@mcgraw-hill.com*
张建 *zhangj@china-abp.com.cn*
率琦 *shuaiqi@china-abp.com.cn*

新闻编辑 NEWS EDITOR
David Sokol , *david-sokol@mcgraw-hill.com*

撰稿人 CONTRIBUTORS
Jen Lin-Liu, Dan Elsea, Jay Pridmore,Wei Wei Shannon, Andrew Gluckman

美术编辑 DESIGN AND PRODUCTION
Anna Egger-Schlesinger, *schlesin@mcgraw-hill.com*
Kristofer E. Rabasca, *kris_rabasca@mcgraw-hill.com*
Clifford Rumpf, *clifford_rumpf@mcgraw-hill.com*
Juan Ramos, *juan_ramos@mcgraw-hill.com*
冯彝诤
杨勇 *yangyongcad@126.com*

特约顾问 SPECIAL CONSULTANTS
支文军 *ta_zwj@163.com*
王伯扬

特约编辑 CONTRIBUTING EDITOR
孙田 *tian.sun@gmail.com*
戴春 *springdai@gmail.com*

翻译 TRANSLATORS
徐迪彦 *diyanxu@yahoo.com*
钟文凯 *wkzhong@gmail.com*
茹 雷 *ru_lei@yahoo.com*
陈 恒 *m.neng.chen@gmail.com*

中文制作 PRODUCTION, CHINA EDITION
同济大学《时代建筑》杂志工作室 *timearchi@163.com*

中文版合作出版人 ASSOCIATE PUBLISHER, CHINA EDITION
Minda Xu, *minda_xu@mcgraw-hill.com*
张惠珍 *zhz@china-abp.com.cn*

市场营销 MARKETING MANAGER
Lulu An, *lulu_an@mcgraw-hill.com*
白玉美 *bym@china-abp.com.cn*

广告制作经理 MANAGER, ADVERTISING PRODUCTION
Stephen R. Weiss, *stephen_weiss@mcgraw-hill.com*

印刷/制作 MANUFACTURING/PRODUCTION
Michael Vincent, *michael_vincent@mcgraw-hill.com*
Kathleen Lavelle, *kathleen_lavelle@mcgraw-hill.com*
Carolynn Kutz, *carolynn_kutz@mcgraw-hill.com*
王雁宾 *wyb@china-abp.com.cn*

著作权合同登记图字：01-2007-2150号

图书在版编目（CIP）数据
建筑实录年鉴. 2007. 1/《建筑实录年鉴》编委会编.
北京：中国建筑工业出版社，2007
ISBN 978-7-112-09255-0
Ⅰ.建…Ⅱ.建…Ⅲ.建筑实录—世界—2007—年鉴 Ⅳ.TU206-54
中国版本图书馆CIP数据核字（2007）第054741号

建筑实录年鉴VOL.1/2007

中国建筑工业出版社出版、发行（北京西郊百万庄）
新华书店经销
上海当纳利印刷有限公司印刷
开本：880×1230毫米 1/16 印张：4¼ 字数：200千字
2007年4月第一版 2007年4月第一次印刷
印数：1—10000册
定价：**29.00元**
ISBN 978-7-112-09255-0
（15919）

ARCHITECTURAL RECORD

建筑实录 年鉴 VOL.1/2007

封面：托马斯·赫斯维克设计的"珑骧"奢侈品专卖店，摄影：Nic Lehoux
右图：朱锫设计的北京木棉花酒店，
摄影：SHU HE

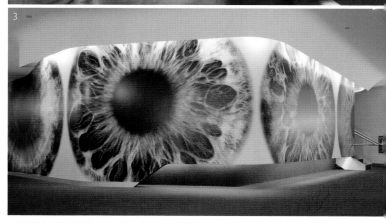

1. 安藤忠雄设计的纽约森本餐厅，摄影：Richard Pare
2. 戴维·阿德迦耶设计的诺贝尔和平中心，摄影：Timothy Soar
3. NMDA设计的Endeavor Talent经纪人公司，摄影：Benny Chan/Fotoworks

您可以在以下网站找到上列文章：www.architecturalrecord.com 或者 www.construction.com

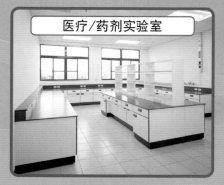

探索内核，升华外壳
Pushing the envelope
by exploring what's inside

高明的设计师懂得，完美的空间是建筑和室内设计的和谐统一

By Clifford A. Pearson and 赵晨

探索一个场所的内部就像去触摸一个人的内心，是一段充满了新鲜刺激的旅程。因为内在的东西不能够一眼看见，或者只在外观上表露出那么一点点蛛丝马迹，所以它会撩拨起我们与生俱来的好奇心，像磁铁一样牢牢地吸引住我们。高超的建筑室内设计艺术带领我们走上发现之路，运用种种策略为我们把真相层层剥开——有些时候恰如我们所料，有些时候则大出我们意外。而这其中从室外进入室内的那个过渡部分往往又是最为关键的，好比刘易斯·卡洛尔著名的童话说到爱丽丝掉进了镜子里面，那镜中世界的入口是多么美妙诱人，提示着我们接下来一定会是一番我们想都不曾想过的奇境。

比起外部建筑来，室内设计少了许多结构和文脉上的牵绊，因而得以在色彩、照明、材料和空间关系等方面放手实验。托马斯·赫斯维克在设计皮具公司"珑骧"纽约专卖店的时候，创造了一系列橡胶皮、绸带状的楼梯、墙壁、顶棚，蜿蜒盘曲在3层楼的室内空间（第64页）。亮丽饱满的橙色、不同寻常的材质，以及形态特异的带状元素，一下子就能抓住过往行人的眼球，叫他们忍不住走进来、走上去。赫斯维克把顾客从人行道到一楼店堂再到二楼主营业区的运动路线都设计成一条连贯的轨道了。

上海的如恩设计研究室（Neri & Hu）则在aFuturePerfect和Syzygy（第12页）等几个餐厅项目中尝试了另一种策略。在这些项目中，事务所负责人Raefer Wallis把他的室内设计延伸到了建筑外部，在室外开辟出了一些桌椅柜台俱全的房间。在一家叫做Slice的商店（本页图）的入口处，如恩设计研究室用金属圈制作了一组屏风，透过屏风可以约略看到室内的情景，却又不能一览无余。这种半遮半掩的风情让过路的人们都禁不住浮想联翩。

在上海，如恩设计研究室设计的Slice商店用简洁的图形和镶嵌在金属屏风中的明净玻璃刺激着人们走进来的欲望。商店的立面倒映在一方浅浅的池水之中，使其几乎拥有了双重的表现力

和Slice明净的玻璃和好似蕾丝花边一般的金属屏风不同，木棉花酒店（第11页）包裹在玻璃钢块制成的半透明表皮里。这种奇妙的材料不仅给建筑的外观笼上了一层神秘的气氛，同时也过滤了射入室内的日光，使得整个室内空间都氤氲起一股水样的柔美情致。酒店设计师朱锫说，建筑设计和室内设计的有机结合是项目的制胜法宝。

室内设计耗时比建筑设计为短，也不像建筑那样长存于世。不过它的这种暂时性恰恰是它的优势所在——它让设计师可以放手一试，也让设计师可以与时俱进。那些餐厅和商店今日开明日关，今日新潮时髦，明日就兴许过时；惟一不变的是，它们始终扮演着设计实验室的角色：在那里，创新的手法、创新的材料，都第一次为世人所知。

新闻 News

用玻璃盒子为清代建筑找到了家

在北京东面高碑店的一个新的混合用途工程中，来自洛杉矶的建筑师Michele Saee重新使用了一套拥有400多年历史的木结构。

这个2800m²，包括办公室、餐厅和一个剧院的工程有自清代以来从安徽迁移来的两幢房屋和一座剧院，它们都在一系列现代的、以玻璃为主的立体块中得到重新组装。这些有着尖顶和雕木元素的老建筑本来是要被拆毁的，但是业主、一位名为王正清的古董商拯救了它们。王正清把这些建筑拆开来加以修复，然后把它们挪到了北京。由安徽当地的匠人开展的复原工作包括将腐朽的部分用其他老建筑的木头替换，修复损坏的雕刻，然后手工将建筑在新址上重新组装。

"见证这个工程真是不可思议。"Saee说。他回忆起在工程刚开始的时候看到的只是一堆木头，然后却惊讶地看着这些建筑慢慢地复原。"看到这样的工艺在这个国家依然存在，的确是一件鼓舞人心的事情。"

Michele Saee自己的工作室（上图）将占据这个综合体（下图）的一部分

Saee把这三个老建筑安排在一条线上，剧院位于其他两幢房子的当中。然后他在周围建造了现代式样的、2层的盒子楼。一座房屋将包含Saee自己的设计工作室，另外一座将容纳一座餐馆。老剧院依然是一座剧院，也兼作茶馆。一对2层的楼翼与包含老建筑的三个立体块相连，并为办公室提供了空间。Saee把所有的新建筑都设计成一系列的盒中套盒——将旧的木结构建筑安置在混凝土架构的立体块中。这些立体块又坐落于支撑玻璃幕墙的钢架构中。他用了双层的低辐射镀膜玻璃来改善隔热，以减低太阳对于内部空间的影响。

在内部，Saee的策略是让空间保持简单的风格，并且强调清代建筑的美。在自己的设计工作室区域，他使用简单的漆成红色或灰色的木质元素和由玻璃腿或木底支撑的家具。镶嵌在混凝土底板中的照明将照亮老建筑，使得它们看上去像是飘浮在新环境中一样。Saee期待着该工程在4月份完成。

Sam Lubell著

Gensler 为化妆品公司上海总部创造了一个强烈的品牌身份

当玫琳凯化妆品公司三月在上海开设中国总部的时候，其意图是创造一个能为其在世界各地的办公室设立一套国际标准的企业空间。"从过程和设计的角度来看，我们将会把上海的经验当作我们为世界各地的设施建立一套共同做法的模式。"玫琳凯化妆品的设施和管理主任盖奇·亨特(Gage Hunt)在得克萨斯州达拉斯总部说。

"由Gensler上海代表处设计的玫琳凯办公空间内部为客户创造了一个强烈的品牌身份。"Gensler上海组员珊蒂·斯特兰德（Sandy Strand）解释道。大堂的灵感来源于玫瑰花瓣的形状，包含了企业的标识、创始人玫琳凯·艾施(Mary Kay Ash)的照片、一面介绍公司历史的墙，以及产品的展示。Gensler从当地供应商定做装修用品，但也使用了进口的玫琳凯标志性的粉色定制面料。

"我们希望人们一走下电梯就立即意识到他们正走入一个玫琳凯空间。"玫琳凯（中国）的营销副总裁Agnes Ji说。"粉红色和女性的身形随处可见。"该公司建立于1963年，1995年开设了第一家中国办公室。

总部的4层楼面利用了一些现代化的传统中国元素，但总体来说设计并没有遵从本地标准。斯特兰德说："中国办公室里的级别结构安排要更少一些。"相反，大多数工作空间建立在开放式的楼面上，以最大限度地利用日光照明。出于对公司业务增长的期待，Gensler设计了现有和未来的分布体系，这样做可以把现在的会议区转换成工作区，并添加一排排的工作间。

当被问及从地球的另一端监控工程的进度时，亨特解释道："仲量联行（建筑管理团队）主持一个工程网站，能够很容易地更新工程进度，使团队步调保持一致。"至少每周有一次通过会议电话进行的项目会议，还有几乎不间断的电邮和声讯交流，以及网站访问。"如果整个项目完全是在远程基础上进行管理的话，我们能不能取得相同的结果还是一个疑问。"亨特说。

Christopher Kieran著

主要大厅以公司标志性的粉色作为基调

戏剧性的灯光与空间效果形成生动的北京人间玄八融合式餐厅设计

北京人间玄八融合式餐厅的设计体现了中国人对于自然的热爱，以及最近对于现代主义的热情接受。整个2层180座的餐厅和酒吧的内部建筑开辟了自然元素和那些体现现代世界发展的元素之间的巧妙紧张感。

反差在顾客穿过曲折蛇行的楼梯来到一个别有洞天的吧台和大堂的时候便开始了。然后他们走过一个狭窄的管道，到达一个空旷的玻璃餐厅。一排排的竹子立在餐厅的四面，让人联想起河岸，并给予空间一种自然的感觉。房间黑色混凝土地板和开放的、顶楼式的规模也与厂房的设计相呼应。

由日裔美国建筑师克里斯托弗·有坂·凯里（Christopher Arisaka Carey）设计的人间玄八餐厅，通过将注意力集中在用餐的中心要件，即进食和谈话上，提升了用餐的经历。黑色的墙壁、地板和家具提供了安静的背景，而导轨

灯照明给予了食物和用餐者明星般的处理。凯里让建筑和戏剧性的照明娓娓道来自己的故事，而不是在餐馆里堆满装饰性物品。

凯里感到，设计餐馆的建筑师总

竹林为厂房感的空间增添了自然的感觉

是忽视卫生间和入口，所以他给予了这两个元素创造性的处理。他为卫生间设计了一系列高大的圆柱，每一根都包括单独的厕所和下水道，并把它们安置在一个照明暗淡的区域。入厕

的顾客可以获得一种几乎戏剧性的感受，如同进入一个设置在黑森林中的舞台一般。"森林的构思和整个工程始终与用到的竹子相匹配。"凯里说。

餐馆入口处有另一种戏剧性的经历——客人可以看到沐浴在光照中的一扇铁门。但当客人推拉这扇门的时候，他意识到门是假的；真正的入口在右手，被石径尽头的一小丛竹子所遮掩。这是一个顾客所要的喜剧时刻。凯里说："严格的设计总是把自己太当回事儿，有时可能太做作。要时不时地有意打破成规透透气。"

Jen Lin-Liu著

张永和重新利用旧瓦片做成唐宫海鲜坊的波形屋顶

广州的唐宫海鲜连锁酒家最新的、设在上海银河宾馆内的分店决意营造一个和菜肴一样新颖的内部空间。为此，餐厅聘请了张永和与他的"非常建筑"建筑设计工作室来做一个同餐厅积极进取的风格，尤其是其时尚的点心菜单相匹配的设计。

张永和一半的时间花在了他位于北京的建筑设计工作室里，另一半时间则是在麻省理工学院担任建筑系主任。他通过营造一个同时使用现代材料和旧料，并将旧料新用的餐厅更新了公司的形象。与唐宫在北京、深圳和上海的其他餐厅一样，这家最新的店面把一个大的公共用餐空间同一系列小型包间相结合。

这家1500m²的餐厅是唐宫的第九家分店，它有一个用两端衔

接的瓦片做成的波形屋顶，让一些客人联想到鱼鳞。张永和说，他脑中起初并没有鱼鳞的形象，只不过是试图营造一个穹状的内部空间。尽管为了方便工程商施工而不得不将设计简化，张永和还是用当地的一种叫做"望砖"的建筑材料创造出了一个值得回味的形式。通过将瓦片装嵌在金属挂架上并在它们中间留出窄缝，他在包间中营造出了一个被波纹形包容的半透明氛围。额外的用餐包间——几乎从顶棚到地面都由玻璃墙分开——坐落在屋顶平台上，除了点缀的狭窄竹丛，美景一览无余。

虽然新店的建筑费用是其他门市的两倍，该餐

厅的照片仍然在广告和报刊杂志中登载。尽管唐宫连锁餐厅的数量在持续增长，但张永和说，他

无意为该连锁店的其他营业场所创造一系列自己设计的变体。

Jay Pridmore著

餐馆巨大的用餐区在一层，其上面是包间

By Andrew Yang　徐迪彦 译　孙田 校

紫

禁城外咫尺之遥，就是北京木棉花酒店。它在传统与现代的分界线上暧昧地盘桓着。它的所在，原是上世纪80年代建成的政府机关驻地，可如今的新建筑上完全找寻不到政府机构遗留下来的那种过于庄重的气氛。那走在潮流尖端的半透明外立面就算跟东京、纽约最时尚的元素相比起来，也丝毫不会逊色。室内的设计酷感十足，但也不乏生气；沿着宽大的楼梯拾级而上，来自五湖四海的宾朋们都会被卷裹进一种既现代又练达的情调之中。新潮的摆设、光泽的材质，多层的中庭里浮动的二极管光影，同建筑本身是那么相得益彰，显得优雅却不张扬。

这是北京第一家"boutique"式精品酒店，为朱锫事务所的作品，它标志着中国设计从一味追求富丽堂皇转而进入了相对小规模却更加人性化的室内设计时代。的确对于宏伟和华贵的热望依然顽强地留存在中国人的心里，不过在新生代的创业者和建筑师群体中，已经开始展现出某种倾向于细腻、精致的设计品位了。这种品位时刻紧跟着市场的动向，并且积极回应着人们日益高涨的对集会、交易、餐饮、休闲等社会空间的需求。

木棉花便是这样。建筑师在酒店内开辟了餐厅、咖啡吧、书店一类的社会空间，并且有意地予以了强调。事务所负责人朱锫说："我劝我们的委托人多引入一些公共性功能，往后的酒店应该不光是一些私人场所的集合了。这些年来北京拆掉了数不清的四合院，这个地方过去可能就是四合院。我们的概念是：强化建筑的存在，但一定要把它推入公共领域。"

在当代，设计成为一项全球性的事业，而室内设计更是国际明星建筑师及青年才俊尝试新想法的基地。在纽约，安藤忠雄刚刚设计完成了森本（Morimoto）餐厅的室内，巧的是餐厅主厨森本正治（Masaharu Morimoto）也是一位料理界的国际明星。在马德里，"美利坚之门"（Puerta América）酒店一口气请来了15位大师级人物，各自为其设计一个楼面或一个空间；他们中有：Z·哈迪德（Zaha Hadid）、矶崎新（Arata Isozaki）、J·努韦尔（Jean Nouvel）、诺曼·福斯特（Norman Foster）、马克·纽森（Marc Newson），等等。在中国，建筑师也开始将室内设计看

杨辰竹，上海记者，曾为《纽约时报》等多种刊物撰稿。

作公共建筑的一种特殊形式，他们重塑周边环境的面貌，在扁平展开布局的北京城创造出时髦、流行的城市空间，或者把上海滩那些老厂房的内部空间装扮得非同寻常的摩登。随着中国城市不断胀破旧的边界，供人们结交新朋、联络旧友的场所，无论是酒店、餐厅、酒吧还是画廊，都变得越来越重要了。

室内设计在中国的发展可谓一日千里，比在世界上任何一个地方都要快得多。从20世纪80年代晚期的后现代窠臼里爬出来，到90年代戴维·罗克韦尔（David Rockwell）设计出用料丰富、豪华舒适的Nobu餐厅及其他姊妹篇，再到本世纪头10年间以马克·纽森利华大厦（Lever House）餐厅为代表的液体般柔滑的设计风格，最后到安藤忠雄奉献出它技术精、效果奇、理念纯的森本餐厅——纽约花了整整20年的时间。

中国的设计师和他们的委托人可没有这么多时间，也没有这么大的兴趣来经历如此漫长的一个进化过程。短短10年，中国设计界已经数易其风：从明代样式的贵族之气，到20世纪20年代上海格调的扰攘之态，之后是近年上海外滩一带呈现出来的淋漓尽致的现代感，譬如刚开业不久的Muse酒吧。每个人都在渴望着新形式、新外壳，有些时候，也呼唤着新的设计灵魂——姑且不必追究这一切到底是利是弊吧——而室内项目正是建筑师们试验新材料和新方法的探险乐园。

这种对于推陈出新的巨大热情当然部分是出于预算的紧张和现实的局限，但在中国如雨后春笋般涌现出的充满了想像力的室内作品也的确反映了一种普遍的期待，即在公共领域——商业性的也好，社会性的也罢——摆出鲜明的姿态。仅2006年一年，菲利普·斯塔克（Philippe Starck）就在中国开了两家夜店：北京的俏江南兰会所和上海的Volar。其他大名鼎鼎的设计师，像Christian Liaigre，也都在中国洽谈着业务，从不怀疑委托人会乐滋滋地支付他们开出的天价。

"现在，人们的心态是：'我要人家没见过的'"，加拿大建筑师Raefer Wallis说。目前他正在上海经营着一家A00建筑师事务所。而上海如恩设计研究室(Neri & Hu Design Research Office)的郭锡恩(Lyndon Neri)说："在上海，时兴的东西总有一天会过时。人们永远在寻找下一个大目标。好像什么都已经有过了，那么我们要怎么样才能做出新玩意儿呢？"

对于许多事务所来说，这就意味着从此要一头扎进去，把全部的激情都喷注进项目之中，创作出来的每一

朱锫赋予了北京木棉花酒店流动的内部空间，阳光通过玻璃钢块的半透明表皮照亮满屋。大堂（右图及上右图）里拔起一架宽阔的楼梯，由此营造出来的开敞感觉一直延续到客房（上左图）和餐厅（上中图）

摄影 © SHU HE（木棉花酒店）

塑形、

Shape, Integrate,

整合、模糊:
and Blur:

室内建筑潮流
Trends in
Interior Architecture

个室内设计作品都要比从前的更加狂暴、更加热烈。从设计风格的角度讲，庄严和节制已如明日黄花；现在的时代，是同极简主义背道而驰、无所不用其极、不知适度为何物的时代。"因为很多委托人觉得室内装潢不是为了创造永恒，它终究是要被拆掉的，所以他们会告诉你，花钱吧，别吝惜，别保守，因为相对来说这只能算是一笔很小的投资。"Neri这样说。

如恩设计研究室过去为高端客户所做的设计总是透着那么一股子优美风雅的韵味，这一回设计了前卫得不能再前卫的Muse夜店，可以说是一次风格上的背离，但并不是理念上的。Neri说："这个项目用一句话来概括，就是要'设计最酷的夜店'"。坐落在上海新开发的时尚社区同乐坊的Muse酒吧实际上是三个不同功能空间的组合：一间舞厅、一间餐厅和楼上的VIP区。把这三者完美结合起来的是穿梭其间的屏风元素。它上面开着圆形的口子，包裹着舞池的顶棚，平滑地伸展下来，构成了隔扇和墙壁，非常巧妙。Neri认为这个装置产生了好似"蚕茧"的空间效果。但除开这些奇思怪想，项目的美学特征还是建立在一个强有力的概念性的基调之上的。Neri说："我们建筑的精神在于探索室内空间，探索场地和图纸、现实和感知。"

Wallis的A00事务所则把浦东的Syzygy当作了检验技巧、尝试大胆创意空间的好地方。他们搞出的那1500m²空间能举办各色各样的活动，从盛大宴会到新车发布无所不包，说到底，简直就是一个派对工场。Syzygy同时也是进行大胆和大规模视觉创新的好机会。A00联手本地平面设计事务所SGTH为空间打造了热情奔放的色彩，为顶棚和墙壁打造了酷似芬兰Marimekko经典织物图案的大型环境平面设计。Syzygy坐落在浦东的一个现代化办公区域内，外面是一片景观地带，生机勃发的小种植块在一定程度上起到了连通室内外的作用。

虽然委托人大多偏爱华丽亮眼，但Neri始终坚持"室内设计重在探索"。许多相对较小的项目也确实成了新理念、新想法的阅兵场，差不多每一个有才华的设计师都这样实践过。比如在上海的Just Grapes葡萄酒坊，A00试验了一把夯土材料，并且打算把这种正在悄悄复兴起来的人类最原始技术同样运用到长江小岛一处尚在设计中的生态疗养地。Just Grapes酒坊的墙壁，包括一面承重墙，全部由夯土建成。尽管采用的是便宜到底的材质——泥巴，但却制作得坚硬而富有质感，出人意料地精美。它价格低廉、绿色环保（制作过程无需任何化学添加剂并且耗能极少）、高度绝缘，正是这些特质吸引了事务所和委托人们。利用Just Grapes项目，A00等于给施工承包商队伍练了一次兵，而这些施工承包商不久就要投身到生态疗养地的工程中去了。

除了材料上的探索，建筑师们还努力寻求着理解和突破当地传统生产模式的方法。以北京非常红火的现代书店艺术书屋在上海莫干山路50号艺术仓库的新分店为例，设计师陈旭东率领德默营造工作室改变

摄影：© NACASA AND PARTNERS (AFUTURE PERFECT 和 SYZYGY)

在上海的一系列项目中，Rafer Wallis和他的A00事务所把室内空间引到了室外。aFuture Perfect餐厅（左图）酒吧里的一张柜台被延伸到了一个庭院中的房间，而Syzygy（右三图）则有一张桌子被延伸到室外，同时室外景观被引入室内

如恩设计研究室为上海的Muse夜店（左摄影）设计了一组空间，把几何形体造成的强烈冲击感和绚烂的灯光结合得完美无缺。几何元素同样反复出现在一家名为Slice（右图）的商店中，使得商店的设计风格独树一帜

在现代书店艺术书屋上海分店，陈旭东和他的德默营造工作室把书籍和杂志排列在3个圆形的大篷里。这些大篷是用小段的PVC管构成的，不但价格低廉，而且具有蕾丝一样的半镂空效果

马岩松和早野洋介在北京－东京艺术工程画廊楼梯的设计中融入了最新的3D软件技术，梯身上的一道道裂痕、一条条褶皱都强化了人们攀登上下时候的那种动感

了他们惯用的营造路数，充分调动了本地工人的技术优势。书店最引人注目的是三个高起的圆形平台，周围用切割成小段的PVC管子堆积起来形成屏障，看起来就好像许多大大小小的泡泡。三者之间的空间是开放式的，因此可塑性很强，既可以办展览，又可以开演讲，甚至还可以当舞台。PVC管子做成的围栏看着固然简简单单，做的时候却大有讲究。因为预算相当低，建筑师想了个办法，让工人按着每个围栏的图示把预先切割好的PVC管比照着一个半弧形的模子粘到一起，结果每个部分都贴合得恰到好处，组成的圆形完美无缺——当然过程中也不乏临场的变通和发挥。陈旭东说："设计师和工匠之间的关系应当是互动的。你不能要求他们彻头彻尾地照你说的做；你得给他们留下一点余地，叫他们自己去实验、创造。我觉得这是非常有中国特色的方式。"

在北京798厂大山子艺术区北京东京艺术工程(Beijing-Tokyo Art Project, BTAP)画廊的创作过程中，使建筑理论适应本地的建筑工艺状况也是非常重要的一个环节。负责设计的北京MAD事务所的两位合伙人马岩松和早野洋介(Yasuke Hayanao)都曾在伦敦为Z·哈迪德工作，并且对技术上富于挑战性的建造特别感兴趣。画廊的夹层和楼梯都设计得像是撕碎了的不锈钢片，看起来很是危险，然而这正是其独特魅力的所在。虽然设计师利用了先进的3D数字软件，设计出来的形体也代表了数字建筑的最新成就，但建造过程却似乎一点儿也不前卫。"最后我们还是大量依靠了人力。"马岩松说。

虽说越来越多的复杂而难度大的室内设计作品相继在中国问世，但是毫无疑问，要迎头赶上欧洲、日本、美国设计的高品质和连贯性，还有很多事情要做。为一个特定的项目寻找到最合适的情调和性格，而不光是从其他项目上东抄一点儿、西搬一点儿，仍是目前最值得关注的挑战之一。

中国设计师面临的另一项艰巨任务是如何将室内设计与建筑设计结合起来。木棉花酒店建筑师朱锫说："委托人是从来不会把室内、室外放在一起考虑的。但是这两者应该结合起来。室内设计不应该单单就是个装饰问题。"即便是木棉花这样成功的作品，在设计的过程中朱锫也不得不同不断缩水的工期和常常自说自话的承包商作着不懈的斗争；最后出来的效果当然还是极好的，可朱锫仍旧禁不住慨叹这场建筑师－委托人－承包商之间的拉锯战使得许多他想要的元素失落了，也使得许多细节并未像他想要的那样去做。譬如他总喜欢叫酒店原来的名字——"模糊立面酒店"，因为他认为只有这个名字才能最好地传达他模糊边界的理念，而他的所谓边界不但包括设计不同领域之间的边界，也包括新与旧之间的边界，以及建筑内部与外部之间的边界。他后来可能失去了对酒店命名的控制权。但不管是谁，只要来到酒店，都会很快体味出他的设计中深深蕴含着的"模糊"的意味。

2007中国机场建设峰会
2007 China Airport Construction Summit

2007年5月14–15日　西安凯悦（阿房宫）饭店

China Airport
2007中国机场建设峰会

　　本次峰会由北美领先的建筑资讯提供商麦格劳–希尔建筑信息公司、中国机场行业协会中国民用机场协会和中国航空航天领域专业出版商《国际航空》杂志社，联手中美知名行业媒体《工程新闻记录》、《航空周刊》和《建筑时报》隆重推出

建设现代民用机场，迎接民航发展新体系

- → 展望未来20年中国机场建设发展趋势
- → 分享制胜战略，交流实践经验，建设安全、环保、可持续发展的现代化机场
- → 展示最佳做法，设计并建设中小型机场

20多位行业领袖将在会上发言，其中包括：

◆ 中国民用航空总局资深代表

◆ AECOM全球航空公司资深副总裁George P. Vittas先生

◆ 北京首都机场航空安保有限公司副总裁许振仲先生

◆ DMJM–Harris公司航空部总监William Fife先生

◆ 巴黎机场首席运营官Felipe Starling先生

◆ 中国民用航空大学电子信息工程学院吴志军教授

◆ 陕西机场管理集团公司副总裁张建龙先生

◆ Naverus公司首席技术官员Steve Fulton先生

◆ 休斯敦机场系统研发公司总经理Jeffrey Scheferman先生

◆ 奥雅纳工程顾问全球航空部总监Peter Budd先生

◆ RTKL副总裁兼城市设计部总监Greg Yager先生

◆ Mitre公司高级项目经理Celia Fu Fremberg先生

◆ 中国民用机场协会秘书长王健先生

主办单位　McGraw_Hill CONSTRUCTION　 国际航空杂志社 International Aviation Group　 中国民用机场协会 China Civil Airports Association

大会合伙赞助商　 BENTLEY　赞助单位　 DOW CORNING　SLOAN.

媒体支持　 ENR Engineering News-Record　AVIATION WEEK & SPACE TECHNOLOGY　 国际航空 INTERNATIONAL AVIATION　建筑时报 CONSTRUCTION TIMES　The China Business Review

详情请见：www.construction.com/event/　周　朗 (8610) 65692957　Lang_zhou@mcgraw–hill.com

The McGraw·Hill Companies

头顶上方的"布料"其实是坚固的材质：是用玻璃丝喷涂在非暴露的上表面而定型的帆布。餐厅提供多种用餐选择，其中包括长条形的大餐桌

在纽约的**森本**餐厅，**安藤忠雄**用绸缎般的混凝土和闪闪发亮的水瓶奉上了一道丰盛的视觉大餐

Tadao **Ando** serves up rich visual fare with silky concrete and glowing water bottles at New York's **MORIMOTO** restaurant

By Sarah Amelar　徐迪彦 译　孙田 校

红

似秋柿的布帘片片垂落于曼哈顿街头森本餐厅的入口，迎着徐来的清风飞扬招展，给原本黑钢片砖结构、工业意味颇浓的建筑立面增添了如许生气。明艳宛若火光灼灼，这令行人好奇驻足的鲜亮织物实则是传统日本式商铺悬挂在门楣表示"开张营业"的短条幅——"暖帘"的趣味变形。与标准暖帘相区别的是，它既非采用棉布所制，也不屈居寒酸的店头，那PVC纤维织成并在底部加重的一幅，蒙盖了跨度达50ft（1ft=0.3048m）的整个拱形结构，近乎一座大剧院的尺度。这样磅礴的架势，让人约略嗅出了其内部空间对于日本文化隐晦而创意性引用的第一丝气息。就好比那位坐镇餐厅厨房的电视《料理铁人》节目明星大厨森本正治用鹅肝酱加鲜奶油来炮制日本寿司，餐厅的设计也从折衷主义那里借来了调味料。

掀开"暖帘"，便有自动门缓缓开启，提示这可不是你惯常熟悉的那种弥漫着古典意蕴、宁静、枯寂的安藤忠雄项目了。自然，他的招牌建材——混凝土还是显著地出现在了连接160人的餐饮区域、酒吧和下面大堂的楼梯上。可是，除开那一抹冷艳的灰色，1.3万ft²（1ft²=0.0929m²）的室内空间就是一场由千变万化的角度、反差鲜明的表面和头顶纱帐一般透亮的顶棚上漾起的粼粼波纹样式构成的视觉盛宴。

一幕将近两层楼高的水墙，偏斜开室内其他物件横平竖直、直角相交的布局，侧身穿越空间的中轴，泻出于楼梯之旁。它既不是日本庭院里潺潺流淌的小瀑布，也不是在日本更为常见的那一类静如死水的小潭。它是由1.74万个半公升的塑料瓶嵌入电源插座一样的固定装置堆砌而成的一面独立的墙，每个瓶里都灌满了矿泉水。固定装置由纵向的不锈钢杠杆支撑，横向杠杆上安满了二极管发光点，营造出了一种从背后给光的迷离飘忽的氛围。

虽然这面水墙还是一如既往的水花不溅、波澜不惊，可是这种古怪的夸张处理还是一向压抑节制的安藤的格调吗？"我以为餐厅不同于其他相对'严肃'的建筑类型。"安藤解释说，"它应当就是一个娱乐场所。"餐厅的老板，自称"多年的安藤迷"和"跟着设计走"的斯蒂芬·斯塔尔（Stephen Starr），把在费城的那家森本餐厅委托给了卡里姆·拉希德（Karim Rashid）[见《建筑实录》，2002年11月，第164页]。这一次，他说服了来自日本的安藤接受了这项650万美元的委托。该项目的所在原先是纳贝斯克饼干公司铺着砂砾的装卸区和地下室，现在旁边建起了曼哈顿雀尔喜市场，是一条走流行路线、半工业风格的美食长廊。斯塔尔坦白说，一开始他希望自己的项目能成为"全混凝土的博物馆样的"建筑，于是他"很早就恭恭敬敬地向安藤提出了这个想法，提出餐厅需要一些暖意"。结果，这成了激发后来创意的一星火花。

事实上，拿塑料水瓶变把戏，在安藤的作品里已经算不上新鲜了。近些年来，他曾经用空瓶给小泽征尔的歌剧制作过流动布景，也给大阪的三得利博物馆制作过临时展墙。这家博物馆是1994年的时候他自己设计的（在建筑生涯的初期，他甚至还设计过几家不起眼的小酒馆，尽管看起来都没有使用塑料瓶）。建筑师说："我对塑料瓶很有兴趣。因为它们是很家常的用品，却可以变成完全不同的另一件东西，就看你怎么摆弄它们了。"

安藤很乐于承认，在森本餐厅，包括这些盛水的容器和室内的整体效

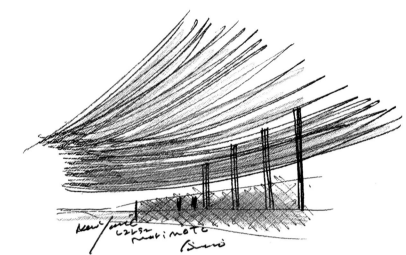

暖帘（悬挂的布条，见左图）横跨50ft宽的餐厅拱形入口。旧立面上叠加了一层黑铁片。裂隙纵横的巨型花旗松圆木构成了柜台（下图）

项目：纽约森本餐厅

建筑师：安藤忠雄建筑事务所——负责人：安藤忠雄；项目建筑师：Masataka Yano

协助建筑师：Stephanie Goto设计工坊——

负责人、纽约项目建筑师：Stephanie Goto

工程师：Leslie Robertson建筑师事务所（结构）；Thomas Polise(m/e/p);Langan（热能）

楼梯从平行于街道的餐饮
区域通向地下的酒吧。
两种不同色温的二极管
发点照亮了矿泉水瓶做成
的墙面

罗斯·洛夫格罗夫是餐厅家具的设计者，也是多年前 Ty Nant 水瓶的设计者。现在，这种水瓶嵌在餐厅的墙上，就像插在连接器上的小电珠

向上的灯光在糯米纸糊的墙上投下了"X"形的光影（对页图）。底部花纹愈趋密集的玻璃隔扇提供了一定的私密性（对页图，左部）。悬吊的浇筑混凝土楼梯，首尾固定在四根方形的混凝土立柱之间。四根立柱实际都不接触顶棚（本页上、下图）

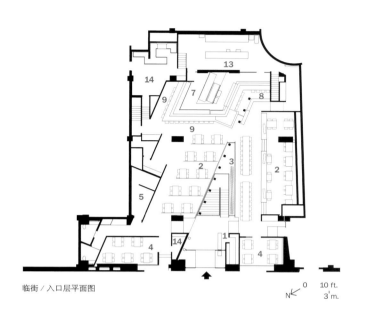

临街／入口层平面图

0　10 ft.
3¹ m.

下层平面图

1. 前台及衣帽处
2. 餐厅
3. 水瓶墙壁
4. 包房
5. 储藏室
6. 冷库
7. 现场料理
8. 套餐供应
9. 寿司料理台
10. 经理室
11. 大堂
12. 酒吧
13. 主厨房
14. 洗碗处
15. 料理预备
16. 主厨办公室
17. 闲人免进
18. 机械房

神秘的叶脉好像漂浮在树脂吧台上（左左图及对页图）。在洗手间的每一个蹲位都可以望见一面"永恒的墙"，墙里的绢花是员工根据季节的更替而不停调换的（左图）。大堂的椅子看似混凝土制的，其实却是用密度不同的粉碎泡沫材料混合在一起做成的，质地相当柔软

果，都是集体智慧的结晶。在总体把握上，他选择了年轻的日裔美国籍建筑师Stephanie Goto。她领导着纽约的一家小型事务所——Goto设计工坊。她的上一个作品是给戴维·罗克韦尔（David Rockwell）当项目建筑师。那个项目教会了她如何创作，或者，用她自己的话说，教会了她如何"创造性地统筹"一个雄心勃勃的餐厅室内设计项目。"这个餐厅当然都是安藤君的眼光和手笔了，但是，"她说，"如果没有我的全方位参与，结果就会很不一样。"

因为要选用一些通常为非传统的材料、处理和工艺，她邀请了百老汇"主流"道具承包商Showmotion来制造餐饮区的波纹顶棚。安藤要求这个微微起伏的表面拥有一种轻盈的质地，以平衡晕染成炭灰色的橡木地板阴郁沉重的感觉；同时，据Goto说，他也想以此来影射日本庭院中赤裸的岩石。虽然顶棚像是用44块柔软的布料拼接起来的，实际上却是用一整块棉帆布折叠而成，在褶痕处看不见的地方喷了寸把厚的玻璃纤维粘牢定型（它悬挂在屋顶上，强韧得就好像一艘小船，完全能够承受工人们站立在上面）。然后，Isometrix的灯光设计师阿诺德·陈（Arnold Chan）赋予了这面顶棚和整个空间一片柔和的光亮，而在室内的很多地方，却并不能看到光源在什么地方。

至于室内的陈设，Goto推荐了伦敦工业和家居用品设计师罗斯·洛夫格罗夫（Ross Lovegrove）。后者表示："想起来，我和安藤几乎是不可能走到一块儿的。我喜欢极度夸大的有机形体，而他则倾向于极简主义和线条造型。"不过洛夫格罗夫也注意到，安藤在他的前几个项目中都采用了"有机"形体，结果很好地反衬和烘托了混凝土的直线形。为了使家具摆在森本餐厅里能够显得雅致而不突兀，洛夫格罗夫说，他在制作每一件家具的时候都从一个正方体开始，然后再从里面一点点掏挖。"从外表看起来，它们完全是安藤的形式，可是在里面，在接触到人们身体的部分，它们更有我的特色。"这种正方体模型的一个例子是楼下大堂的椅子，看上去好像是混凝土

材质（这是为了传达对于建筑师的敬意），实质上则是软性的，混合了几种不同密度的经粉碎的泡沫材料，外加一个特殊处理的表面。所以，就像餐饮区的顶棚看上去柔软，其实却很硬一样，这些座位看上去硬，坐上去却很柔软。"在事物的质料上突然有所发现，那种感觉也很日本吧。"Lovegrove说。

这里还有许多其他的材料值得去发现。在餐饮层，有一面手感粗糙的墙壁，那是用糯米纸做成的；另有一张柜台，是一根开裂的花旗松圆木。水墙上的瓶子能让人联想起晶莹闪亮的冰块，那是多年前Lovegrove为威尔士矿泉水品牌Ty Nant设计的。还有中国制造的玻璃隔扇，上面有圆点图案，越接近底部，圆点就越多越密，在较大空间内分割出相对私密的小包房。

楼下一层经过了大规模施工，加固了地基并控制了较高的地下水位。大堂是一派宁谧低调的夜总会的气氛。雪松木的墙板，涂成鲜艳的深红色，辉映着水晶般清透的浇铸压克力高脚凳和镶饰着精美叶脉的长形树脂吧台，光亮明媚。即便在纯白的洗手间，也有小小的惊喜在等着你：每个便器的后边都暗藏着一面镜子，一面接一面地映照出无数的花朵，蔓延伸展以至消失于无穷。酒吧之外也有一面墙，是餐厅中心水墙略加变化而来，因为它是将瓶子一个一个头尾相接竖直堆砌起来的。

就这样，上下两层的森本餐厅端出了一道佐料丰富的视觉大餐。自然的混凝土、棉质的帆布，以及烹饪地道的小木条儿一样的四喜饭——这些元素综合而成的这块调色板虽然不言不语，其间最好的风味却一览无余。

材料/设备供应商

家具：Poltrona Frau（定制设计Ross Lovegrove）

照明：National Cathode; Lightolier; ALM; LitLab; Lucifer; Exterior Vert; IO; Phillips;

Times Square; B-Light; Ardee

关于此项目更多信息，请访问 **www.architecturalrecord.com**的作品介绍（Projects）栏目

卷曲的覆塑和纸盘绕着荧
光灯，遍布沙龙的顶棚，
看起来就像是卷发（见
本页和对页图），而定制
的不锈钢家具则象征着理
发工具

在东京高级时尚区新落成的XEL-Ha美发沙龙里，Jun Aoki用发光的“卷发”作为顶棚

Jun AOKI coifs the ceiling with luminous curls at XEL-HA, a new beauty salon in Tokyo's high-fashion district

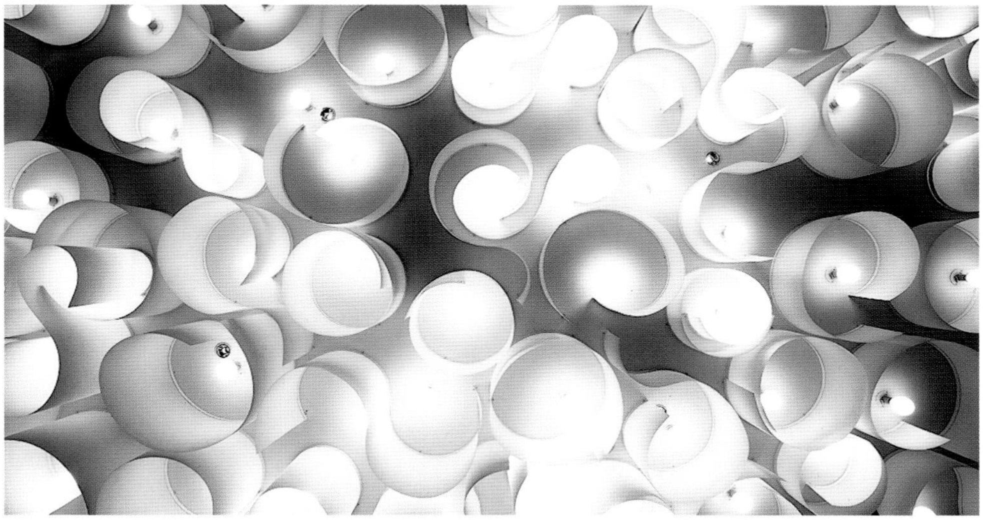

By Naomi Pollock　　刘晓强 译　戴春 校

在世界各地的美容院里，发型师们例行公事般地挥舞着剪刀，剪下的碎发洒落一地。但是在由Jun Aoki设计的东京Xel-Ha美发沙龙里，甚至连顶棚上都装饰着“卷发”。Aoki把总共2336ft²的顶棚表面用卷曲的覆塑和纸（一种漂白木浆纸，在日本通常作为灯罩的材料）加以覆盖，并将顶棚饰面与照明系统完美地结合起来。每一簇梳理得一丝不乱的“卷发”松散而随意地盘绕在一个球形的、功率为13瓦的荧光灯上。“对于顾客来说，有时候去美发沙龙就像是过一个特殊的节日。”Aoki说：“美发沙龙的设计必须有一点儿夸张，另外还要再加上一点儿舒适感。”Xel-Ha的顶棚极富想像力，质感柔和，但是看起来像是一头造型完美的卷发。

突出表现顶棚的决定兼有实用和美观方面的考虑。由于有位客户、一位著名的发型师要求，灯光的设计应该没有方向性而且分布均匀，因此顶棚与水槽、刷子和吹风机等是仅有的几个还可以体现Aoki设计风格的地方。毕竟，当顾客躺倒洗头的时候，他们常常是往上看的（可是在大多数美发沙龙里，顶棚上的景色并不美观）。而且对于街边的行人来说，沙龙位于东京表参道（Omotesando）时尚街区里的一座3层商务楼宇的顶层。从下往上看，能看得清楚的部分也就只有顶棚了。

显然，在美发沙龙夜间营业以及培训初级美发师和美容师的时候，这种高品位的顶棚表面成为了夜晚最闪亮和最容易引起行人注意的部分。但即使是在白天，从旁边弯曲的步行街向上看去，沙龙顶棚的轮廓也十分清晰。这条步行街将大楼底部划分出一个L形的部分，包括了高档商店和一个独立式的卡地亚（Cartier）精品店。这个建筑，据设计师Jun Mitsui说，是2005年该地区增加的又一个标志性商店。而原有的标志性商店包括Aoki设计的路易威登（Louis Vuitton）旗舰店，就在同一条街的下面，以及隔壁Herzog & de Meuron设计的Prada“震中（epicenter）”旗舰店。

从这条用圆石铺成的步行街乘坐一部玻璃观光电梯，就可以直达Xel-Ha美发沙龙（沙龙名字的灵感来自于业主的一次墨西哥之旅，Xel-Ha在玛雅语中的意思是“水流涌出或诞生的地方”）。乘电梯直达这个面积为3760ft²的沙龙，一个“厂房式”的空间被分为两大部分：左边是一个开放式的剪发区，右边是一个相对封闭的SPA区。为保护隐私和安静起见，SPA的美容室设在了严密的墙体和门后面。虽然美发区和SPA区需要明显地区分开来，但是Aoki却用同一种咖啡色材料的地板将两者连接了起来。地板的这种颜色与顶棚鲜亮的白色形成了强烈的对比。

为了尽量使沙龙的顶部空间保持贯通，Aoki利用低矮的物品将美发区再划分为两个功能区。褐色的顾客储物柜和一个独立式的储藏单元（顶部有一个透明玻璃门冰箱，存放香槟酒和水）把在后墙下排成一排的洗头躺椅和洗头盆与剪发区的12个双座理发台隔离开来。

由于美发过程通常需要较长的时间，建筑师试图使用富有表现力的饰面材料，以使顾客保持心情愉快。“如果材料太光滑，整个空间看

Naomi Pollock是《建筑实录年鉴》驻东京记者。

项目：东京Xel-Ha美发沙龙
设计师：Jun Aoki事务所——负责人：Jun Aoki；主设计师：Noriko Nagayama
照明顾问：ITL公司
总承包：Bill Gates

摄影：© DAICI ANO，除SHINKENCHIKU-SHA外（本页图）

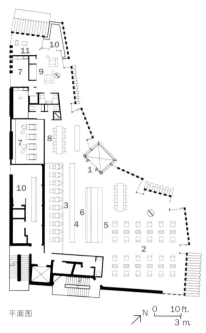

平面图

⬁N   0   10 ft.
      3 m

1. 入口/电梯　　　　7. 理疗室
2. 剪发区　　　　　　8. 等候区
3. 洗发区　　　　　　9. 美甲沙龙
4. 储物柜　　　　　　10. 室外区域
5. 冰箱　　　　　　　11. 贵宾室
6. 接待台

理发台（上图），深度只
有19in，配以美发座椅
（图中未展示）。洗发设
备靠墙排成一排（下图）

起来就不会让人感到很轻松。"他解释说："但是如果材料太粗糙，那么看起来又过于放松了。"对于墙面，他使用了质感粗糙的咖啡色碎木板，以掩饰将来可能出现的划痕；对于地板，则使用了褐色的镜面塑料瓷砖，以抵御溅落的化学美发用品的腐蚀，为频繁清扫提供了便利。对于顶棚，Aoki实现了闪闪发光以及云彩一般的效果，并通过随机散布的750个荧光灯以及10个尺寸为8~20in（1in=0.0254m）不等的螺旋形和S形的灯罩，为各个工作岗位提供了恰如其分的照明。为了建造这个非同寻常的复杂顶棚，承建商将设计师的草图复制到了一块网格布上，并把它贴到墙板上，用记号把不规则图案的轮廓标示出来。然后沿着这个轮廓，每间隔14~32in不等地装上灯泡，再用弯曲的金属架把这些灯泡围绕起来，最后裹上乳白色的和纸，并用塑料钉加以固定。

除了这些材料以外，Aoki还设计了精美的、以金属材料为主的家具，象征着理发用的工具。与储物柜相邻的接待台有21ft长，边缘锐利，顶部为不锈钢材料，侧面用褐色漆装饰。理发台和等候区的桌子也使用不锈钢材料。每个理发台的深度只有19in，一块双面镜子把理发台隔成两边，每边可供一位美发师使用，中间嵌有一个储物柜，可以放置吹风机和一些杂志。

材料／设备供应商
灯罩材料：和风
照明系统：ITL；Endo
家具：Hill International；Takara Belmont；Bill Gates

关于此项目更多信息，请访问
*www.architecturalrecord.com*的作品介绍（Projects）栏目

理发台的双面镜子中间嵌
有一个储物柜，可以放置
吹风机和一些杂志。顶棚
闪亮的云彩效果与黑色的
地板形成鲜明对比

入口开在 L 形主生活区的
短边上，外面是一方露天
的平台（对页图）。面向
厨房和餐厅的主干道采用
泥炭木铺覆

在纽约，Winka **Dubbeldam**建筑的垂直层叠立面同 **Schein阁楼的**水平铺展节奏对立统一，相得益彰

In New York City, Winka **Dubbeldam** counters her building's cascading facade with the **SCHEIN LOFT's** horizontal rhythms

By William Weathersby, Jr.　徐迪彦 译　戴春 校

正面，弧形玻璃的幕墙像一条波光粼粼的溪流奔泻而下；侧面，一座19世纪砖石结构的仓库[见《建筑实录》，2004年11月，第198页]毗邻而立：这就是建筑师Winka Dubbeldam设计的位于曼哈顿SOHO区的11层住宅楼。两栋原本互不干涉的建筑在她的手里合而为一；它们的楼板拼接起来，构成了总共23套公寓房。如果说那极尽朴素严谨的历史建筑旁富于现代主义气息的玻璃层叠效果宛若森林中的瀑布，那么八层楼上的一套阁楼公寓更让人感觉有如置身林中——只不过没有瀑布罢了。Dubbeldam和她的Archi-Tectonics事务所的同仁们一道，用一条不对称的回环"主心骨"规定了室内布局的走向，沿线覆以泥炭木的表皮，布以流线型的几何形体，使得它就活像是这座阁楼的脊梁。

立面就是一道纵向的、起伏的景观，我想把这个理念同样运用到室内的设计中来。"谈起这套有两间卧室的阁楼公寓，她又补充说："房子波浪形的幕墙是正面朝里、反面朝外包裹的。"于是玻璃立面的通透很自然地便被过渡吸收到木头"脊梁"横向、平滑、极富表现力的韵律感之中来了。

Dubbeldam的家就住在这座八层阁楼下，也是一套阁楼公寓。因此，她说自己很乐意接手这项任务，这样就可以尝试一种不同的阁楼室内设计策略了。这套3200ft²的八楼公寓比大楼的19世纪仓库部分高

出了2层，自西向东横跨了整个楼面。它的委托人是画家、摄影师Peter Schein。建筑师回忆说："Peter对于雕塑形体的态度是非常开放的，不过他要求公共和私人空间之间的转换地带一定要很清晰。"此外，维护成本要低廉、装潢材料要环保、存放其艺术作品的地方要轩敞等等也在优先考虑之列。

公寓的入口开在L形主生活区的短边上。西面是倾斜的落地玻璃墙，直通外边的露天平台。站在平台极目远眺，哈德逊河和下曼哈顿风光尽收眼底。东墙采用了一种新颖的泥炭木的装饰胶合板，它以其斑驳纷杂的暖色调赢得了建筑师的垂青。这是一种很耐久的材料，上过蜡，压成板，再嵌入黑色的金属框架结构中便大功告成了。墙体很好地遮蔽了建筑的结构支撑物，而从墙体中抽出来的抽屉既可作为家用品收纳，又可作为艺术品搁架。在靠近入口的地方，有一块不对称的墙面能够整个地翻转过来，里面放的都是Schein大尺寸的绘画和摄影作品。正如Dubbeldam说的那样："要是把这面墙一直敞开着，办一

项目名称： 纽约Schein阁楼
建筑师： Archi-Tectonics——项目负责人：Winka Dubbeldam；项目团队：Bittor San-chez-Monasterio, Brooks Atwood, Ana Sotrel
工程师： Stanislav Slutsky（机械）

顾问： Audio Video Systems
总承包： New Industries

作品介绍 PROJECTS

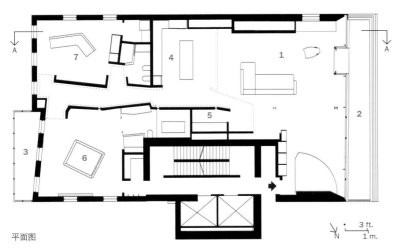

平面图

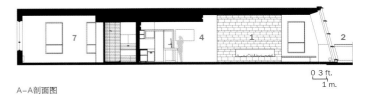

A–A剖面图

0 3 ft.
1 m.

N
3 ft.
1 m.

1. 起居室
2. 平台
3. 阳台
4. 厨房
5. 暗房
6. 卧室
7. 客卧室/音乐室

狭长的壁炉嵌在起居
室一堵火山石砌成的
墙上（右图）。主干
道木质的斜面围合着
主、客卧的私密领地
（上图及对页图）。

在主卧室，透过湖蓝
色的玻璃可以望见
后面铺着暗灰色石板
地、墙砖的主卧浴室
（对页图）

主卧的浴盆周围使用了温
泉浴场常见的那种面砖
（本页顶图），十分别
致。蓝色玻璃墙为此处
注入了一抹亮色（左下
图）。客卧的镜子使房间
看起来更大（右下图）

客卧的门采用磨砂玻璃，
同泥炭木的墙板形成反
差；而板架和橱柜则采用
了同质的木材

个短期的艺术展览都没有问题。"

在L形的拐角处，色如烟熏的火山石覆盖的南墙上裂开了的一道7ft长的罅隙，是壁炉狭窄的炉口。摆放座椅沙发的区域另一头，则是开放式厨房的料理台，需要做事或用餐的时候，又可从下面拉出一张长桌来。

而连接这些餐厅、厨房、起居室区域和两个卧室的中央过道正是Dubbeldam室内设计的非凡魅力所在。泥炭木墙板彻底冲破了笛卡儿坐标体系的束缚，俯仰多姿，各成角度，十足雕塑感，浑如放大了的布朗库西图腾。除了美学意义，这条室内主动脉还有一层环境上的意义。它一通到底，无遮无拦，打开阁楼东端阳台的窗户，它同西面的平台之间就有穿堂风贯彻东西，起到了很好的空气流通作用。

走廊墙壁的某些部分一转动，就成为进入主卧和客卧的房门了。橡木的地板和泥炭木的墙板裹覆着这些由内置式橱、柜、板、架和其他极少的几件家具布置起来的简约空间。

主卧和附带的浴室用一面蓝色的玻璃墙隔开，这让人不由联想起水的清冽，也给这里单调的调色板增添了些许明亮的元素。蓝色玻璃面砖的淋浴龙头靠近灰黑色石板的浴盆底座。低调暖昧的光线营造出一种私

人SPA的幽谧氛围。

在空间富裕、线条清晰的客卧室兼音乐室里，泥炭木架占据了一面墙壁。门是半透明的，故而光线可以透入附带的浴室和壁橱里。画家的工作区就隐藏在泥炭木墙的一个凹陷里面。

住在楼下的建筑师Dubbeldam如今还在继续给Schein的阁楼出谋划策——这回她是要跟画家合作，给房间安上定制的地垫。在自己设计的房子里摆弄着室内装潢，这就好像对待自己的家一样，是一个延续不断、精益求精的过程吧。

材料/设备供应商

幕墙：UAD

石材：Stone Source

五金：Häfele; Dorma; Nanz

卫浴：Atta; Boffi; 科勒; Duravit; Lefroy Brooks; 杜邦

厨具：Gaggenau; Miele; Sub-Zero

瓷砖：Nemo

油漆：Benjamin Moore

照明：Lutron; Lightolier

关于此项目更多信息，请访问
www.architecturalrecord.com 的作品介绍（Projects）栏目

从涂着唇彩样鲜红树脂层的接待区可以望见黄铜铺覆的"荣耀之路"，两者对比鲜明

在奥斯陆，戴维·**阿德迦耶**把废弃的火车站改造成了空间丰富、视觉冲击、发人深省的**诺贝尔和平中心**

David **Adjaye** turns a former railroad station into the visually, intellectually, and spatially alive **NOBEL PEACE CENTER** in Oslo

By Raymund Ryan 徐迪彦 译 孙田 校

像传统的日本庭院那样沉静安宁的场所，往往能够把建筑与和平的主旋律融为一体。可奥斯陆诺贝尔和平中心（Nobel Peace Center）的设计师、来自伦敦的戴维·阿德迦耶（David Adjaye）所面对的不仅仅是和平，还有比和平更加复杂难解的躁乱和冲突的命题。建造这个中心的目的，在于使参观者了解诺贝尔和平奖自1905年设立以来的历史，间或也举办一些短期展览，向人们讲述战争与和平的点点滴滴，讲述挣扎在人道主义困境中的人性光辉，以及世界范围内争取人权的艰难旅程。

项目的地点，或者更明确地说，这一切将要发生的舞台，选择在Vestbanen。这是一座19世纪晚期的小型火车站，不过现在已经很难寻觅其初始功能遗留下来的痕迹了。弃用的小站占地1.6万ft²，坐落在以红砖双塔而久负盛名的地标建筑奥斯陆市政厅对面的一片露天广场上，不远处就是奥斯陆湾。在地标保护的禁令下，通过面试程序接手项目的阿德迦耶和他的事务所无法对原有结构实施重大的改动，便转而利用Vestbanen之外的城市空间，在诺贝尔和平中心和每年一度举行颁奖典礼的市政厅之间、贵宾们的必经之路上安置了一顶大帐篷。

帐篷名曰"华盖"，活像个管状的大盒子。参观过中心的人马上就会知道，它跟阿德迦耶加入Vestbanen建筑内部的另外一些插件非常相似。盒子为喷砂铝材质，呈现长方形，地板和顶棚则带弧形。盒子长边的两侧洞开，一条步道（自行车道）穿此而过，宛然便似一座廊桥。盒身刺有许多孔洞，组成全球陆地的图案。而具有反讽意味的是，它所用的铝材原来是用在一艘希腊炮艇上的。

经过独立式的"华盖"，就来到了室内。阿德迦耶把和平中心的门厅称作"含蕴深长的空白"。同他的许多其他项目一样，他在这里故意"避免了门槛"。入口在左手边的空间是一色儿的翠绿，右手边是一色儿的鲜红，这就形成了视觉上的强烈对冲。红与绿的中间，是第二个如唱片套一样的盒子——签到台，不过这一次用的是GRP材料（glass reinforced plastic，玻璃增强塑料），虽然像"华盖"一样在上面也钻了孔，但这些孔洞指示的是主要的入口聚集区，它们亮着红色或绿色的灯，代表该地区是处于战争还是和平状

在Vestbanen车站建筑外，阿德迦耶竖起了一顶"华盖"，是用打了孔的喷砂铝制成的一只大套子，地板和顶棚是弧形的（左图及右图）

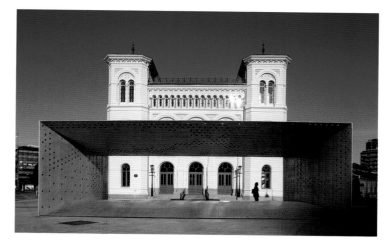

态。每个小孔里还会发出声音，说着它所指示的城市的语言。

阿德迦耶用了"跳跃"、"编辑"一类的字眼来形容他对这座废旧火车站内十来个空间区划采取的透视图设计策略。在有些地方，他采用了鲜明、夸张的表面涂层，如接待区和书店区覆盖着亮丽夺目的红色树脂层的墙壁、地板、顶棚、书架、展柜以及偏斜扭曲的销售和问询柜台。垂直于接待区，建筑师又插入了另一个像房间大小的开放式的盒子，取名为"荣耀之路"。

雷蒙德·瑞安（Raymund Ryan）是匹兹堡亨氏建筑中心（Heinz Architectural Center）主管人。

项目：奥斯陆诺贝尔和平中心
建筑师：戴维·阿德迦耶建筑事务所——负责人：戴维·阿德迦耶；项目指导：Monsour El-Khawad, Nikolai Delvendahl；项目团队：Rashid Ali,

Jennifer Boheim, Hannah Booth, James Carrigan, Caroline Hinne, Paul La Tourelle, Yuko Minamide, John Moran, Karen Wong
本地建筑师：Anders W. Anderson

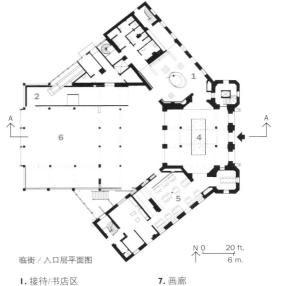

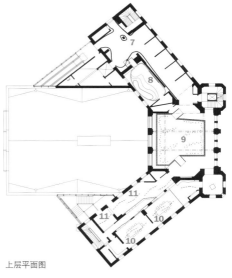

临街／入口层平面图

N 0   20 ft.
↑   6 m.

上层平面图

鲜艳的红色树脂涂层覆盖着接待/书店区的地板、墙壁和向一侧倾斜的柜台（上图及对页下图）。阿德迦耶的插件，如唱片套一样的签到台（上图及对页上图）彻底改变了原有空间的格局

1. 接待/书店区
2. "荣耀之路"
3. "华盖"
4. "签到"
5. 咖啡吧
6. 临时展区

7. 画廊
8. 影院
9. "诺贝尔地带"
10. 教育/会议区
11. 互动电子教室

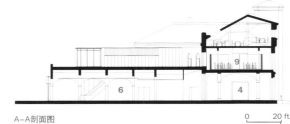

A–A剖面图

0   20 ft.
     6 m.

管状的签到台一头连着咖啡吧的茵茵绿意，一头连着接待区的熠熠红光（对页图）

其地板、顶棚和纵向的两面墙壁上排布着数不清的黄铜薄片，把映照于上的影子在各个方向重复叠加，使得这个空间变得格外诱人，又时而令人目眩神迷。不过还好，参观者的注意力很快就会转向"荣耀之路"上一面像墙壁似的矗立着的投影，播放的是本年度诺贝尔和平奖获得者的视频录影。

"荣耀之路"的旁边是一个临时展区，跨越车站的中轴。这条轴线曾经是自西进入奥斯陆的许多铁路线的终点。一乘自动扶梯通往建筑上层包裹着雪松木的临时画廊和铺着毡子的放映室。签到台的正上方、Vestbanen车站经翻修的格子顶棚下覆盖的是所谓的"诺贝尔地带"：蓝色的橡胶地板，半透明的玻璃板围栏，丙烯酸的细杆上二极管电珠发散着幽光，杆顶各有一个小小的屏幕，展示着历年诺贝尔和平奖得主的数码照片，阿德迦耶称之为"数字园地"。这片园地是毕业于麻省理工学院的互动图形设计师戴维·斯莫尔（David Small）的杰作。每个屏幕相当于一个监控器，在有人接近的时候会自动开启，显示出一位获奖者的照片。

接下来是Vestbanen站的南塔。这里有一本互动电子书，介绍了艾尔弗雷德·诺贝尔的生平。再接下来是一面叫做"壁纸"的数字显示器，借此可以获得关于获奖者们更多的信息。最后，一架明净光滑的楼梯将参观者送回底楼。

玩世不恭的魔幻魅力是阿德迦耶作品的特征。他总是试图以一种极简主义的方式来处置折衷主义的调和，如门槛的升华和接缝的省略，从而达致某种空间的效果。在奥斯陆，他用新颖挑逗着古旧，用暂忽和临时性挑逗着永

在铺覆着黄铜、反射性极佳的"荣耀之路"上，人们可以观看新近荣膺诺贝尔和平奖的获奖者的一段视频录像

"诺贝尔地带"（上图及左图）有着蓝色的橡胶地板，丙烯酸的细杆上装着二极管电珠，杆顶支撑着一个个小小的屏幕，展示着诺贝尔和平奖得主的数码照片

恒不变。中心的咖啡吧（Café de la Paix）是他和伦敦艺术家Chris Ofili又一次合作的成果[1998年，阿德迦耶设计了Chris Ofili在伦敦布里克巷（Brick Lane）附近的住宅；2003年威尼斯双年展上，他又参与了后者参展作品的设计]。墙壁和顶棚都是深深浅浅素净的多边形绿色块，镶嵌在水晶般的金黄色网格中。这是对热烈如火的红色接待区的反其道而行之。"你在这里可以放松休息……它就好像一个绿色的大信封。"阿德迦耶说。从设计理念上讲，这里的网格线条模拟的是签到台上方标出的各大城市之间的联系网络。于是，在室内游览的尾声，在走过了变幻无穷的空间，看过了展览昭示的经验教训之后，在你坐下来恢复体力、重振精神的地方，你又体悟到了我们这个世界之内不可分割的相互联系与相互依存。

材料 / 设备供应商
发光二极管： Intravision; Crescent Lighting
照明： Nemo
地板： Flowcrete (树脂); Dalsouple (橡胶)
家具： La Palma; Azumi; Idema (定制家具设计：阿德迦耶建筑事务所)

墙纸： The Archive Printing Company (定制墙纸设计：阿德迦耶建筑事务所)

关于此项目更多信息，请访问
*www.architecturalrecord.com*的作品介绍（Projects）栏目

阿德迦耶同艺术家Chris Ofili共同设计了中心的咖啡吧（Café de la Paix）。绿底金线描绘出一幅全球城市网络图

底楼的放映室有着玻璃和阳极氧化铝材质的入口立面（对页图）。在上面的楼层，色彩夺目的端壁同洁白胜雪呈弧形弯曲的其他表面形成了强烈的对比

尼尔·德纳里把室内空间从四方盒子一样的外壳中解放出来，创造了富有曲线之美和白色之美的Endeavor Talent经纪人公司

Liberating an interior from its boxy container, Neil **Denari** produces the curvaceous, cool white **ENDEAVOR TALENT AGENCY**

By Joseph Giovannini　徐迪彦 译　孙田 校

厚积是为了薄发。美国建筑师学会会员、洛杉矶的尼尔·德纳里（Neil Denari）就属于在其建筑生涯中很晚才真正驾驭工地的那一类建筑师：之前的许多年他都只是教教课、写写书，要么钻钻牛角尖，研究一些叫人莫测高深的项目。可是到2002年，他设计完成了时尚眼镜店la Eyeworks，一夜之间便声名鹊起、万众瞩目。如今的他忙得像个陀螺似地连轴转，从洛杉矶到曼哈顿再到东京，处处都有他的委托。他最近的一个作品是位于比佛利山（Beverly Hills）核心地带威尔榭大道（Wilshire Boulevard）的Endeavor Talent经纪人公司办公楼，是在一幢上世纪60年代建筑的基础上进行的二次创作。

Endeavor是娱乐界的一支新生力量，自成立以来声势一路水涨船高，俨然已能同CCA、ICM之类的老牌大公司相比肩。在过去的十来年间，业界巨头购入中世纪古典式房屋，并聘请顶级设计师为其打造出足以代表公司气质的办公场所，建筑业俨然成了娱乐业的一门辅助艺术。从Endeavor所在的街区往下稍走一点儿，就是贝聿铭的著名作品——CCA总部。它给后来在好莱坞的企业形象和名望工程中崛起的众多建筑开了先河。

Endeavor为自己寻找建筑师，也可谓不遗余力。他们搞了一个人才招聘会，

项目合伙人汤姆·斯特里克勒（Tom Strickler）在当地搜罗了不下十数家事务所，到公司——"测了试"。公司过去的办公楼有5层，这样就把空间切割碎了。这次建造新楼，Endeavor一举租下了楼层面积达2.7万ft²，为比佛利山之冠的房子，并让建筑师德纳里把第三、四层合并为复式结构。"沟通无障碍，这一点至关重要。"建筑师说。他指的尤其是经纪人和助手之间应有的那种亲密接触。助手的办公桌通常就设在经纪人办公室的外间，双方目光相接、语声相闻。

这种"经纪人＋助手"的模式在好莱坞是不可违背、近乎程式化的空间排布规则，它当然也构成了本案的基本构造单元。德纳里和他的项目建筑师Duks Koschitz绕着底楼的周长设置了一圈带窗的办公室，每个经纪人都拥有一间；而这些办公室同聚集在中央开敞式工作区内相应助手的办公桌仅有薄薄的一墙之隔。此外，Endeavor还需要该层有一间会议室和一个80人的放映厅，以便为某些客户进行私人放映。这个小放映厅连带它的休息室共计有6100ft²（因此项目的总面积达到了7万ft²）。它的沿街立面采用了玻璃和阳极氧化铝材料。玻璃背后，一面弯曲有如折叠起来的墙壁像一架屏风般挡住了入口。这个立面一扫原建筑滞重乏味的60年代现代主义风格，同几个街区以外Rodeo Drive设计的时尚服装店倒颇有几分神似。

Joseph Giovannini，建筑师，批评家。主要活跃于纽约及洛杉矶。

作品介绍 **PROJECTS**

巨大的眼睛图案、微微
颤动的虹膜，都使得这
堵弯如弓形的墙壁生意盎
然（通页彩图）。这样设
计的意图是每隔几年就可
以更换一次墙纸。墙纸是
由2×4图形设计事务所
设计的

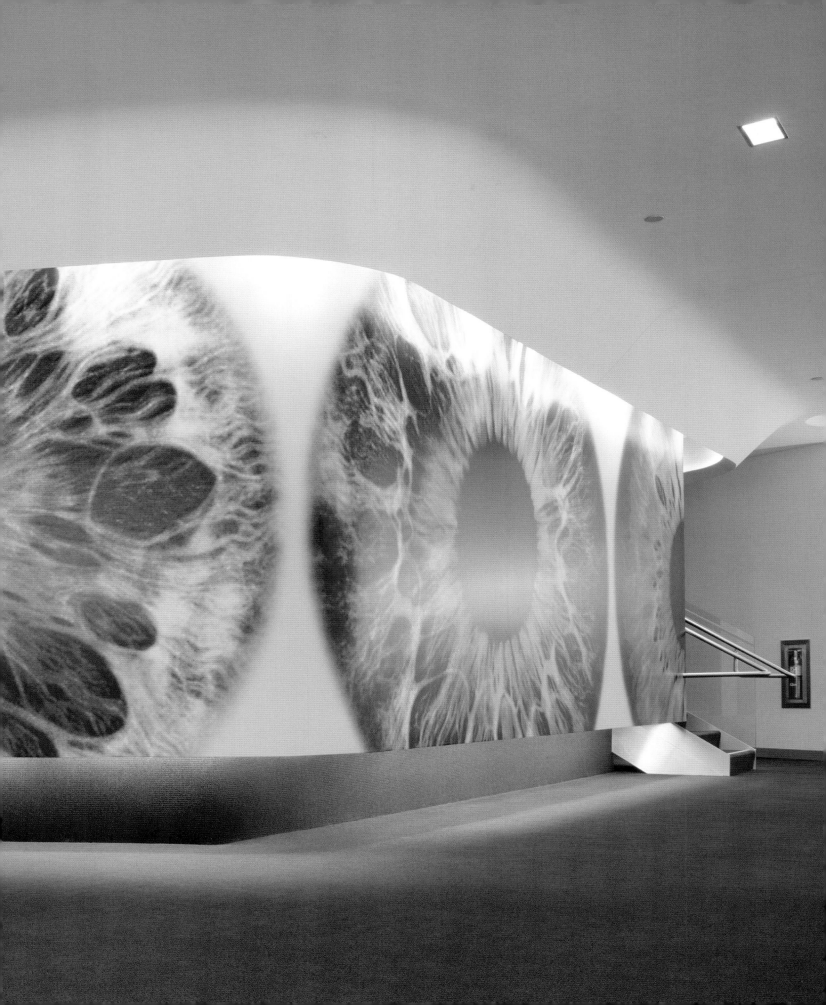

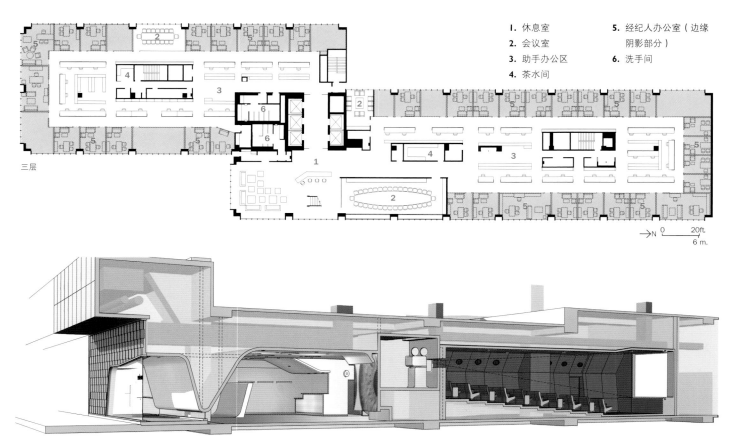

1. 休息室
2. 会议室
3. 助手办公区
4. 茶水间
5. 经纪人办公室（边缘阴影部分）
6. 洗手间

三层

→N 0   20ft.
     6 m.

剖面透视图：放映厅及休息室

"绿色世界"：三层   "橙色世界"：四层   "蓝色世界"：三层   "紫色世界"：四层

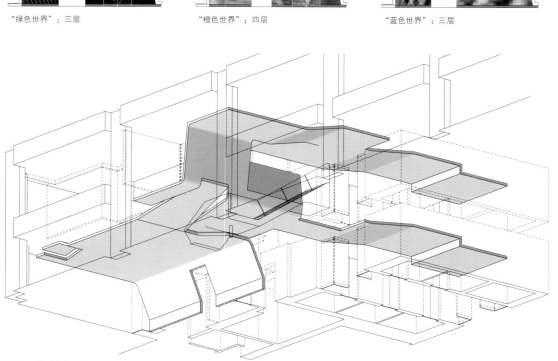

这些剖面（上图及下设计图）是插入红色的放映厅及其附带的休息室中的。五颜六色绚烂奔放的墙纸强化着楼上几面端壁的效果（上图）。折叠的面相互连续或重叠着，穿过Endeavor的顶棚和几道墙，把复式结构的两个楼层连在了一起

轴测图：复式结构顶棚

一面"折叠"的墙垂下
来，正好遮挡在放映厅沿
街入口的内侧，在休息室
和人行道之间形成了一道
屏障（上图）。楼上的主
接待区（右图）有一张绕
有特色的接待台，在它半
透明的聚碳酸酯纤维面
板后安装着许多长条的
荧光灯

上楼走出电梯间，便有一股清新之风拂面而来。玻璃门的背景烘托出了一片纯白明亮的空间，这是公司前台的所在。台子的正面由多块蜂窝结构的聚碳酸酯纤维板拼接而成，板材里面安装着许多条形的荧光灯，通过其半透明的表面散发出丝丝朦胧的幽光，真是雅致极了。前台的正后方，一道形态夸张的楼梯穿越结构网格直插入复式部分的上层。

并不仅仅是由于它除了白还是白的色彩方案，空间的这种清新明快的感觉还来自于在各个拐角处都形成弯曲弧度的墙面和顶棚。它们像个大套子似地包裹着空间，并勾勒出空间的形状。正如建筑师所说的，它们在"试探着建筑中直角坐标体系和通常以为正确的角度的极限。"就这样，德纳里把室内空间从传统的四四方方像盒子一样的办公楼外壳中解放出来了。

这种手法把宁静与超现实交叉起来了，尤其在上层和放映厅的休息室，白色的平面起起伏伏。德纳里把这些运动都映射到了顶棚上，时而在某处切开一道口子，露出一个凸起。在许多地方，效果几乎是巴洛克式的，同一度成为德纳里作品特征的机械形体差之甚远。只是在很少的部分——如舷窗样的不锈钢气孔——人们才能隐约见到这个轻灵的空间里机械性的痕迹。

匠心的独到之处集中体现在头顶的设计上。德纳里把通常意义上的建筑平面图设计和顶棚设计几乎颠倒了过来。顶棚在横向上的走势赋予了空间一种方向性的流动感，而当它与纵向的墙体相接形成平滑连续的线条时，整个空间就成了一个不可分割的一体化系统，只是在某几处地方有些别样的处理，比如将有些面连接到楼梯间的边沿上，又比如将有些部分断开而做成从背后照明的区域。顶棚的游戏使这个被商业条款重重约束着的项目的沉重拘谨之态顿消。从入口到办公区，处处都有变幻，处处都有惊喜。

如果说，数十年前的建筑师用复杂性来挑战简单化的理想，那么现在，德纳里是在挑战温暖度的观念：白色的大理石地板、不锈钢的扶手、偶尔可见的金属细部，以及大量像是经过消毒灭菌处理的表面，闪烁着医院一般严肃冷静的光辉。这样，建筑师创造了一个银装素裹的冰凉世界，超越了极简主义，而逼近一种雪国的美感。加上精湛的工艺，包括在工厂中预制出来的弯曲的墙板，更提升了空间的抽象性，加强了那种怪诞的非物质感觉。

建筑希望达到超然于情感之外的状态，它也成功地做到了这一点。这在一定程度上要归功于纽约的一家图形设计事务所"2×4"为它设计的模糊焦点的迷离的墙纸图案。比如在会议室，电视截图仿佛被无限放大，充溢了整个环境。这么做的目的是每隔几年可以更换一次墙纸，从而始终保持室内的新鲜感。在放映厅的休息室，巨大的眼睛图像还有色彩生动的虹膜，突出了德纳里的设计略微带有的超现实意味。在其他地方，2×4给那些端壁铺上了热烈的、出人意料的色调，蓝的、绿的、橙的、紫的，深的、浅的、浓的、淡的，就好像是一场狂欢。这里的图形设计和建筑冷酷到底的总体氛围构成了互补。

就像维纳斯从她父亲宙斯的头颅中蹦出，诞生时就已经是个发育完全的少女一样，德纳里的设计在他生涯的中期横空出世，表现了惊人的成熟。或许，这位建筑师的档案上并没有多少建成的项目，可是他在理论上的准备是那样充足，一出手就捧出了构思如此精妙、手法如此完美，并且在视觉上如此富于冲击力的空间作品。他理解他的委托人、这家经纪人公司的目标和性质，并且用一种自信的建筑语言诠释了这个项目，替它打上了个性和风格的烙印——而这也正是Endeavor最关注的问题。有时候，才智只有在极度冷寂的环境里才会迸出最耀眼的火花吧。

前台的正后方，一道形态夸张的楼梯穿越结构网格直插入复式部分的上层（上图，对页左下图）。扭曲的平面规定了复式结构的大厅和其上的地板（下图）

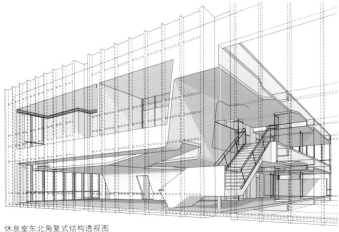

休息室东北角复式结构透视图

项目： 加利福尼亚州比佛利山Endeavor Talent经纪人公司
建筑师： 负责人：NMDA——Neil Denari，AIA；主设计师、项目建筑师：Duks Koschitz；项目团队：Stefano Paiocchi，Jae Shin，Matt Trimble，Steven Epley，Betty Kassis，Brennan Buck（图纸）

材料／设备供应商
照明： Peerless；Delray；Artimede
墙面涂层： Knoll；Jhane Barnes
管道厨卫： 科勒；Kroin；美标

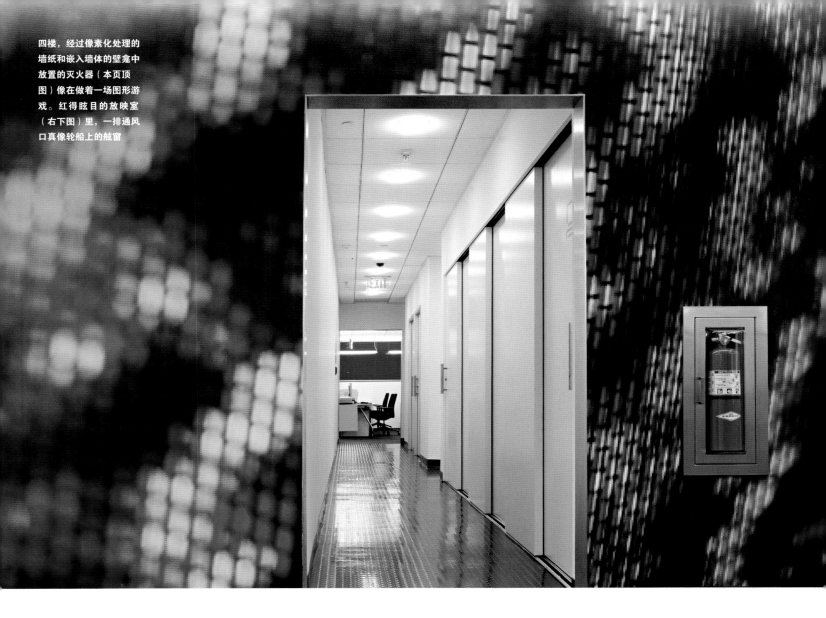

四楼，经过像素化处理的墙纸和嵌入墙体的壁龛中放置的灭火器（本页顶图）像在做着一场图形游戏。红得眩目的放映室（右下图）里，一排通风口真像轮船上的舷窗

由Bentel & Bentel设计的光彩时髦的咖啡厅、酒吧和餐厅——

"The Modern（现代）" 给纽约现代艺术博物馆增添了一份香辛料

Bentel & Bentel's sleek and luminous café, bar, and restaurant, **THE MODERN**, infuses the Museum of Modern Art with a savory essence

By Suzanne Stephens 茹雷 译 戴春 校

多年以来，纽约现代艺术博物馆(MoMA)从未因其饮食而著名。即使是在1993年，Sette Mezzo接掌餐厅经营，开设Sette Mezzo后，这里的料理和环境几乎依旧是默默无闻。如今拥有了由建筑师Bentel & Bentel设计、餐饮店主Danny Meyer经营的"The Modern（现代）"，MoMA才真正具备了可以与曼哈顿中城的高端邻居们一争高下的机会。

步入The Modern，在复原的1939年由Philip Goodwin和爱德华·杜里尔·斯东(Edward Durell Stone)设计的大楼一层，酒吧和咖啡厅柔和幽淡地闪着微光，占据了一处旧展厅空间。这里，漫射散光的墙和顶棚表面给酒吧和咖啡厅区域的端墙营造出一种海市蜃楼的气氛，烘托着明丽的热带雨林花园般的端墙壁画。壁画《过滤（The Clearing）》是德国艺术家Thomas Demand的作品，用全尺寸的纸树叶做成。它吸引着人的注意力，几乎使人忘记了实物景观——洛克菲勒雕塑花园就在被磨砂玻璃幕墙遮挡的另一侧。尽管幕墙是半透明的，但人们需要走到那一边的"The Modern"的正餐区，才能享受这著名的博物馆公园里的藤蔓、树木和雕塑。

创建一个雄心勃勃的会所，在紧凑的博物馆空间内同时供应随意和正式的餐饮体验，这些所面临的挑战不仅仅来自料理方面：首先，Meyer需要拥有流畅运转功能的高雅餐厅，其顾客或许具备现代主义的品味，但更偏好多元和辛辣的风味（像Meyer的料理）。MoMA馆长Glenn Lowry和它的建筑与设计主策展人Terence Riley要求餐馆务必保持Goodwin和Stone建筑的纯净与明快，同时可以融入由KPF与谷口吉生合作设计的扩建和改建部分[见《建筑实录》，2005年1月，第94页]。

尽管谷口吉生提供了一个餐馆设计，但是Lowry觉得餐馆、零售及其他专项经营需要由在每个专项领域有经验的建筑师设计，因此Gluckman Mayner设计书店，而Alspector Anderson设计储存空间。对于餐馆，Lowry和Riley也有建筑师候选名单，但很快他们发现Meyer钟爱Bentel & Bentel事务所。尽管这个两代人从业的事务所欠缺国际设计的响亮名声，但它曾经为Meyer的Gramercy Tavern和11 Madison Park设

弧线顶棚又重新回到Philip Goodwin 以及爱德华·杜里尔·斯东所设计的西11号53街现代艺术博物馆的初始设计上。在楼内，一个 餐馆、咖啡厅和酒吧占据了这个1939年建筑的旧展厅空间，其入口位于旁边的1964年的加建部分

磨砂玻璃和青铜色镀色玻璃，以及闪光的铝龙骨PVC膜顶棚，还有柱子的不锈钢覆面给咖啡厅/酒吧带来一种戏剧化的光影效果。壮美的摄影壁画《过滤（The Clearing）》由Thomas Demand创作。这位柏林艺术家先拍摄了一个公园，然后制作了原物大小的彩纸模拟，用光线模拟太阳光，再拍摄这个场景。接着用胶片的负片做出8ft长、36ft高的壁画，并从中切成两张夹在玻璃板中，各是8ft×18ft。最后把每个2500磅的作品从德国空运而来，装在西墙上

参观者从Goodwin 和
Stone建筑的门厅进入餐厅
（上图）。不锈钢的穿孔
门（对页图）在其身后关
闭，沿着走廊经过青铜酒
架进入咖啡厅。另一个入口
在菲利普·约翰逊（Philip
Johnson）设计的53街加
建的背端

1. 53街入口
2. 博物馆入口
3. 酒吧
4. 咖啡厅
5. 餐厅
6. 花园餐饮
7. 洗手间
8. 咖啡厅厨房
9. 餐厅厨房
10. 包间
11. 洛克菲勒雕塑花园

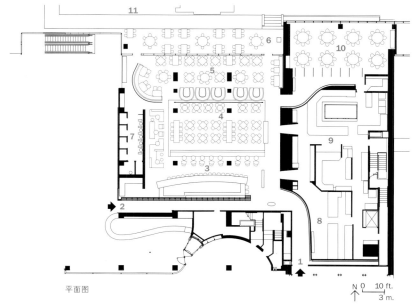

平面图

计过考究的、氛围感强的室内空间，以及其他业主的Craft。所有上述餐馆都涌满了纽约的美食客。

Bentel & Bentel的设计赢得了博物馆人员的赞同。它巧妙地组合了磨砂与颜色玻璃面板，再通过变化顶棚高度以及楼板的肌理（包括黑色水磨石、白色橡木和深色地毯）来划分14400ft²餐馆的不同功能区域。为了打破这些元素极度严整的平面四方体感觉，建筑师引入流线元素加以反制，例如连续的弯曲磨砂玻璃墙和舒缓拱起的大理石酒吧，与复原的Goodwin和Stone雨篷和门厅前台以及谷口的磨砂玻璃相呼应。除了112座的正餐空间、110座的咖啡厅以及18座的酒吧外，还有旁边的由菲利普·约翰逊（Philip Johnson）于1964年设计的加建部分的两个厨房和一个餐厅。

为了弥补酒吧和咖啡厅并不太高的顶棚（只有10ft6in高），Bentel & Bentel选取了低价的闲置丹麦家具（与丹麦政府达成折价协议）以及自己的设计，在铝龙骨上覆盖光亮的PVC膜铺满顶棚。为了进一步突出结构的戏剧性，强调海市蜃楼的效果，建筑师给现有柱子包上不锈钢钢板，其表面经过手工打磨，做出波纹效果；同时造出了一个由酒瓶与酒架组成的熠熠放光的酒吧玻璃瓶墙。

虽说咖啡厅和酒吧区给Demand壮美的摄影壁画——由博物馆的自由策展人Kynaston McShine选取——提供了泛着微光的框架，这里依然存在一个问题：壁画是一个形而上的体验。无论它多么眩目（及反讽），人们依旧想看北向磨砂玻璃墙之外的花园。一种解决方案是提供半透明的玻璃划分，随着玻璃的高起而逐渐透明，为在正餐区就座的顾客提供私密感，同时开启花园与天空的视野。

狭长的正餐区显得很戏剧化，它由谷口的玻璃幕墙和天光顶棚限定而成，高达23ft。为给这个空间注入一份亲密感，Bentel & Bentel设计了马蹄铁形的小间，在房间的一端以弯曲的磨砂玻璃收束，室内作自由划分，并且从顶棚悬吊声学反射板。这个效果是宁静的，或许有一点儿办公的感觉。然而在晚上，伴随着室内的蜡烛和花园里的照明，就会变幻出更具魅力的氛围。

诱人的室外平台与高端的就餐区相邻，但餐馆何时会利用这里呢？Lowry坚持它很快会就绪营业。不过如果它是预留给正餐人群的（与它最近的厨房是服务提供高价菜的），那么随意的花园咖啡厅——过去博

这个优雅的立面由谷口设计，俯瞰MoMA著名的雕塑花园。阳台下的空间被预留给平台咖啡座（上图）。**The Modern**的餐厅有**23ft高**（对页图）。卫生间使用瓷盥洗用具（右图）

物馆参观者可以花几个小时休息品咖啡的地方——就会消失了。

　　除了这些挑剔，The Modern无愧于它在博物馆的重要位置。名副其实，它的空间唤起了20世纪30年代的感性，但没有过于简朴，另一方面，也没有太过于主体化。它形成了一个对历史建筑的强力介入。最妙的是，它是一个人们愿意驻足流连的场所。现在，当人们说"在The Modern见，"那就意味着美食琼浆，同时也有艺术。

项目： The Modern, New York City
建筑师： Bentel & Bentel——Paul Bentel, FAIA; Peter Bentel, AIA; Carol Bentel, FAIA; Susan Nagle; Frederick Bentel, FAIA
协作： George Sexton Associates

设备/材料供应商
石膏板吸声顶棚： Baswaphon
水磨石地面： Krisstone
家具： Fritz Hansen; Erik Jorgensen; Kobenhavn Design; Albrecht Studio; Globe Furniture; R. Randers; M. Cohen & Sons

玻璃的商店立面充分展
现了室内（对页图），
ARTEC以发光的半透明体
与玻璃的反射形成对比，
尤其是在中央庭院附近
（本页图）

ARTEC给维也纳郊区的ZUM LÖWEN VON ASPERN药店增添戏剧性光彩

ARTEC lends a theatrical flair to the
ZUM LÖWEN VON ASPERN
pharmacy on the fringes of Vienna

By Liane Lefaivre　钟文凯 译　戴春 校

或许戏剧性的药店听起来像是一种矛盾修辞法,但是这样的想法在维也纳却丝毫不为过——这是一个音乐剧、游行、舞会、餐馆歌舞节目、爵士吧、歌剧、演唱会以及各式各样的表演盛行的地方。在邻近Zum Löwen Von Aspern(一座纪念Hapsburg与拿破伦军队殊死决战的狮子雕像)的城市东郊,戏剧的魅力甚至感染了一个小药店的设计。

Zum Löwen Von Aspern药店位于维也纳破旧的郊区,面临一条通往奥地利南部乡村的便道。基地周围是索然无味的低层建筑,没有任何迹象预示这里会有一所气度不凡的药店。然而,实际情况恰恰相反。

药店老板Wilhelm Schlagintweit是一位有魄力的人士。他先是与凤凰——一家专注于"康健"的批发制药公司合作,然后开始突破药店的常规服务内容。离基地仅有很短的车程或者骑车即可到达的距离内有不少时尚、崭新的独户住宅,为了迎合汇集在这里的郊区雅皮士们,Schlagintweit构想的药店将提供康健、顺势疗法、草药、营养方面的培训,以及有关凤凰牌美容化妆品的普通咨询。

为了给这种新的经营方式提供场所,店主找到了ARTEC,一家相对年

轻的格拉兹(Graz)建筑师事务所。因其设计在奥地利以具有时尚风格的住宅和商业项目而著称,所以这一选择也许并不令人感到意外。该事务所于20世纪90年代末期由Bettina Götz和Richard Manahl创立,在同一代建筑师里最早接受简约的极少主义美学,并摆脱了所谓的"格拉兹学派"的解构主义。ARTEC总是力图寻找Götz称之为"复杂事物的简单形式",他们对Schlagintweit的回应是营造一个外表平凡但拥有引人注目的室内空间的建筑物,以简练而有戏剧性的边界为特征。50ft宽、宁静的玻璃立面将人的视线引入1350ft²的室内,展现出墙面上的清水混凝土和地面上的抛光Confalt(一种沥青与染了绿色颜料的水泥的混合物,类似水磨石但没有那么坚硬)。

与戏剧家罗伯特·威尔逊(Robert Wilson)洗炼的舞台设计异曲同工的是,在这里塑造气氛的是特殊的照明效果。宽阔的白炽灯带在墙面上延伸,跨过顶棚,包裹着从上方悬挂的展示柜,如同悬浮在没有重量、发光的翅膀之上。抽象地看,这些铝材展示柜暗示着神话中的凤凰,也就是制药公司名称的来源。其他的柜子从墙上悬挑,也不着地。墙面和顶棚上的单元以交错的布置方式悬挂在钢筋混凝土结构上,看起来像是活动的,光带则如同供展示柜在上面滑动的轨道。然而这种运动仅仅是一种幻觉。表面平齐的白炽灯具只是光线的来源,但即使是在外立面如此开敞与透明的情况下,其亮度实际上在白天也同样清晰可见。室内空间既是一种奇观,又是一种无与伦比的广

Liane Lefaivre是维也纳应用艺术大学的建筑历史与理论系主任,代尔夫特(Delft)理工大学城市规划教授。

作品介绍 PROJECTS

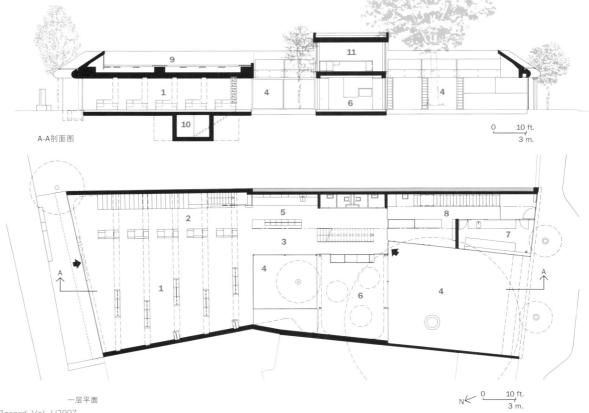

A-A剖面图

0 10 ft.
3 m.

1. 自助销售区域
2. 非自助区域
3. 茶叶展示
4. 庭院
5. 配药处
6. 课室/多功能厅
7. 实验室
8. 储藏室
9. 草药园
10. 地下室
11. 娱乐室

一层平面

N
0 10 ft.
3 m.

白炽灯带延伸到悬挂的柜子侧面并跨过顶棚。圆形母题也点缀着这些铝制柜子的部分边框（对页图）。一些柜子单元悬挂在顶棚上，另一些从墙上悬挑（下图）。白色漆面的钢柜子安放在地面（右图和下图），储存由店员管理的出售商品

告宣传的壮举，令人不得不抚掌称羡。

药店还拥有两个迷人的戏剧角色：玻璃内庭院里的一棵银杏树，象征活力与健康；一棵老橡树，显然是力量与长寿的化身，在建筑物后部的露天庭院里占据着舞台的中央。设施内有一个课室和图书室，可以容纳讲课、咨询、聚会等活动。

药店简单而优雅的预制钢筋混凝土结构是柱子隐藏在侧墙里的梁柱系统，它使室内外空间得以毫无阻隔地连通。为了加强这一效果，建筑师把大部分非承重墙都做成玻璃的，通过使用反射性的表面带来开阔的空间感。这一策略使人联想起理查德·纽特拉（Richard Neutra）为致力于

观者们回到楼下，他们还可以品尝到由在此种植的原料泡制的茶。因此这个有着屋顶平台的药店成了深受当地家庭喜爱的外出活动场所。

当ZUM Löwen Von Aspern药店晚上关门时，一层厚重的白色棉布幕帘在这个舞台前垂落，由地上的泛光灯从前面照亮，将室内从街道上隐藏起来。只有古老的橡树顶部被照到的树枝和高起的银杏还可以被看见，有如在这个小小的康健世界里深深鞠躬 —— 这是最后的戏剧性笔触，送出的是结语。

室内空间既是一种奇观，又是无与伦比的广告宣传的壮举

健康事业的业主所设计的另一建筑物，位于洛杉矶的洛维尔康健住房（Lovell Health-House）。

得益于建筑物内部被巧妙隐藏起来的混凝土框架，这座轻盈、透明的药店有能力支撑起一个通过室内楼梯上达的屋顶花园。由工程师转景观设计师Jacob Fina设计，以瑞士St. Gallen修道院的中世纪花园为原型，这个植物园收集了450多种不同的药用植物。职员们鼓励顾客，尤其是带小孩的家长们登上花园，在导游的带领下进行参观，内容包括对药用植物特性的讲解。当参

项目： Zum Löwen Von Aspern药店，维也纳

建筑师： ARTEC——主持建筑师：Bettina Götz, Richard Manahl；

项目团队： Ronald Mikolics, Irene Prieler, Ivan Zdenkovic, Wolfgang Beyer, Julia Beer

工程师： Oskar Graf（结构）；Christian Koppensteiner（设备）

材料/设备供应商

玻璃推拉门： Tormaz

灯具： Die Spanndecke; Sumetzberger

淋浴头： Grohe

墙面和顶棚上的单元看起来像是活动的，光带则如同供展示柜在上面滑动的轨道（本页和对页图）。然而这种运动仅仅是一种幻觉。平行的光带与发光圆面的重复形成对比，使室内空间富有生气（对页图）

在纽约的"珑骧"奢侈品专卖店，
托马斯·赫斯维克的流线型设计让购物者
在不知不觉中随波逐流，并且溯流而上
Thomas **Heatherwick's** fluid design gets
shoppers to flow inside and upstream
at New York City's **LA MAISON
UNIQUE LONGCHAMP**

LONGCHAMP LONGCHAMP
CHAMP LONGCHAMP LONGCHAMP
LONGCHAMP LONGCHAMP LONGCHAMP
CHAMP LONGCHAMP LONGCHAMP

从上面看下去，楼梯上橡
胶包裹的钢材料带状物酷
似地形学地图上的线条。
赫斯维克将楼梯看成一道
人造的景观

赫斯维克为新楼梯（左图及对页二图）开辟了一方46 × 27ft的中庭，高达60ft，直插入建筑的躯体。中庭顶上的天窗也是吸引人们上楼的手段之一。设计师舍弃玻璃，选用热塑性塑料制造了一系列扭曲变形却极富美感的护栏板，57块之中没有任何两块是相同的

By Clifford A. Pearson 徐迪彦 译 孙田 校

拉

链不光实用，也很迷人呢。它既可以把东西牢牢地包藏在里面，又好像随时可以把它们裎露无遗。在纽约的SOHO区，来自伦敦的托马斯·赫斯维克（Thomas Heatherwick）把拉链原则应用到了3层的"珑骧"奢侈品专卖店（La Maison Unique Long-champ）的空间设计上，不住地撩拨着购物者们进门来、上楼去，一探究竟。

这家法国著名皮具品牌"珑骧"（Longchamp）旗舰店的选址实际上非常不利于作为零售商业用途的建筑设计，赫斯维克说它活像"大楼房下面的小鞋箱"。它的结构毫无值得称道之处，底层面积刚刚1500ft²，紧紧巴巴地夹在一家成衣铺和一家巧克力商店中间。不过楼上却大有可为。二楼划拉出一片足有4500ft²的空间，新加建的三楼是1700ft²的样品陈列室外加可供团购客户稍事休憩的封闭露台。那么，赫斯维克所面临的挑战就是：如何在沿街门面发挥余地相当有限的情况下，"诱使"人们爬上楼梯，来到主要的营业场所？

师出英国皇家艺术学院的赫斯维克，目前经营着一家38人的设计工作室，业务范围几乎无所不包，从雕塑，如埃塞克斯的Sitooterie II[见《建筑实录》，2004年6月，第131页]，到伦敦的Rolling Bridge[见《建筑实录》，2004年12月，第230页]，应有尽有。2004年，首款由赫斯维克设计的"珑骧"手袋闪亮登

项目：纽约"珑骧"奢侈品专卖店
设计师：赫斯维克工作室——负责人：托马斯·赫斯维克；项目设计师：Tom Chapman-Andrews；设计师：Jem Hanbury

建筑师：Atmosphere Design Group
工程师：Gilsanz Murray Steficek
总承包：Shawmut Design & Construc-tion

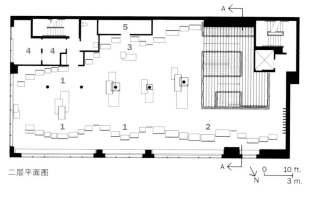

二层平面图

A—A剖面图

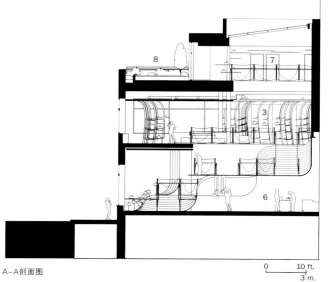

1. 手袋
2. 箱包
3. 皮具
4. 办公
5. 仓库
6. 收银
7. 样品陈列
8. 屋顶露台

经层压的岑树木顶棚条弯曲地下垂，构成了展示手袋和皮具的货架。地板、座椅和展示柜则是枫木的

场，其外观上斗折蛇行的拉链卓有特色。拉开拉链，便露出内层如丝般光滑的布料，同时手袋的容量也差不多增加了一倍。另外，它也不像其他皮包那样在顶部安上一个搭扣，而是用隐藏的磁铁来开关手袋。

相同的手法也被移植到了"珑骧"的奢侈品专卖店。设计师将钢材裹上橡胶表皮塑造成好似绸带一样蜿蜒起伏的楼梯，越向上升就仿佛越是绽开的拉链，狡黠地招引着顾客从狭小的底层大厅踏上通往宽敞的二层商场之路。而且，继手袋之后，他又一次发现了磁铁的新妙用：他将它们用于加固沿着金属带两侧的灯具和搁板。赫斯维克自己把这段楼梯称作是"一道风景线"，是他赋予店铺中庭的一大地形特征。中庭系从建筑一角切割出来，长46ft、宽27ft、高60ft，耗钢55t，顶上开着略成坡度的天窗，日光由此下泻，也牵动着人们向上走去。设计师说："人们跟昆虫一样，也是会被光亮吸引的。"他说他在构思楼梯的时候，想到的是"一座小山坡，山羊顺着曲曲折折的小道爬上坡去。"

设计完了令人拍案叫绝的流线型楼梯，赫斯维克又为必不可少的楼梯护栏大伤了一番脑筋："我们曾经想像给楼梯装上通常的那种平板玻璃护栏，可是这样一来动感就荡然无存了。我们希望玻璃可以有像纺织物那样柔美的姿

磁铁在这里被创造性地使用，成为楼梯两侧货品支架、搁板乃至照明灯的固定物，为购物增添了新鲜乐趣

PETG护栏板采用钢管和槽固定。PETG是一种热塑性塑料，在航天工业中用途广泛，主要用于航天挡风玻璃的制造。赫斯维克将这种材料切割成片，加热后利用重力对其进行拉伸扭曲。设计师认为，平板一块的普通玻璃镶嵌在富有曲线律动感的楼梯上显得了无生气，因此他致力于寻找一种能够将光线向西面八方反射和折射的材料

态。"他说。最后，他的团队否决了普通玻璃，转而采用了一种航天上用作挡风玻璃的热塑性塑料PETG（polyethylene terephthalate glycol，二醇类改性聚对苯二甲酸乙二酯）。将这种材料的薄片加热，然后任由重力将其拉坠成不同的形状，设计师最终获得了57块PETG护栏板，给他的楼梯安装上了生气勃勃的透明边界，熠熠反射出别样的光芒。

此外，设计师还让楼梯如丝如带的梯级形成的弧度自然地过渡和衔接到了贯通三个楼层的墙面上。同样地，他也将二层的顶棚、地板和货架处理为一组相互接续、连绵不断的表面。经层压工艺的岑木顶棚像剥开的水果皮一样在几处耷拉下来，这就成了也是岑木所制的货架弧线优美的纵向支撑。深色的枫树木长椅和展柜则延续了地板的选材，乍一看去真像是从地板上翻翘起来，而不是简单地搁置在上面。

挥洒奔放具有雕塑般感染力的设计往往能够产生出乎意料的超凡效果

——特别对于一家规模不大的商店来说。"珑骧"专卖店正是借助一条别开生面的拉链把曲线的美渲染到了极致。

材料／设备供应商

天窗：Wasco Products

岑木木顶棚及岑树木隔板：Imperial Woodworking Enterprises

楼梯弹性铺料：Nora

环境照明：Litelab

热塑性塑料护栏：Talbot Designs

关于此项目更多信息，请访问
*www.architecturalrecord.com*的作品介绍（Projects）栏目

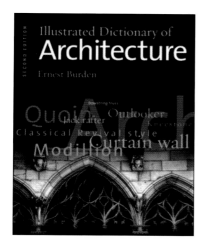
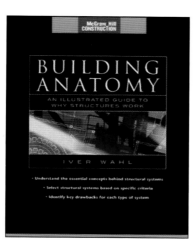

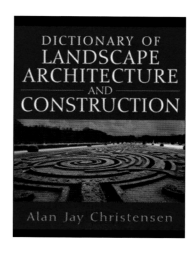
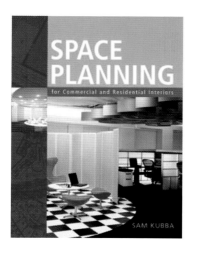

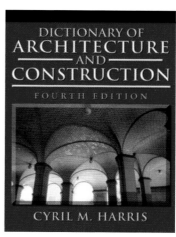

系统研究的亮点
Spotlight on Systems Research

四所大学力图改进照明系统、太阳能技术以及暖通系统的工作方式

每项重大技术创新的背后，都离不开许多以改进现有产品和系统工程为目的的较小规模的研究行为。一般来说，这些研究行为给产品或系统设计带来的创新往往是难以预见的：谁能料到15年前被称作移动电话的笨重塑料块，如今发展成为了功能繁多、轻巧如信用卡的时尚手机？在这个故事里——其实是一系列的四个场景——我们着重介绍了那些改进能源使用效率方面的研究项目，它们给建筑物使用（或收集）能源的方式带来了重要的变革。如何把轻薄、柔韧的太阳能电池像纸一样卷起来？或是当你出门午餐的时候，如何通过笔记本电脑将办公室的灯光调暗并关掉空调？即使所有的技术细节和成本问题尚未得到解决，这些研究背后所体现的科学价值也是显而易见的。由于能源价格仍不稳定，因此无论是为了对房屋进行翻新改造，还是建设新的建筑，业主们将来会越来越有动力采取措施以减少能源的耗用。在这些研究人员进行研发的时候，想像一下会开发出什么新技术本身就是一种乐趣。

开发太阳辐射的隐藏能量

当提到建筑物表面处理的时候，大部分的设计者把阳光看成是一种破坏性的力量。他们寻求能抵抗紫外线的油漆和涂料，还要考虑由于定期更换裸露表面所带来的寿命周期成本。但是材料科学的最新进展表明，建筑表面的覆盖物——甚至是油漆和织品——同时也可作为太阳能电池。设计者们应该尝试去利用各种具有能量转换能力的建筑材料，而不是为阳光的破坏作用发愁。

加拿大多伦多大学的研究人员扩大了建筑材料所能收集的太阳辐射的波长范围，既包括可见光，也包括了红外线（现有的太阳能技术只能吸收利用可见光）。这项技术突破将大大提高新光伏材料的效率，并降低这些材料的成本；这项技术突破还将降低红外摄像机的成本，使它们可以应用于建筑物安防系统。

研究人员研发的红外活性胶质"量子点（quantum dots）"由硫化铅纳米微晶体和半导体塑料组成。通过改变纳米微晶体的大小，研究人员可以"调节"量子点，吸收波长范围在800~2000纳米之间的光线。

Ted Smalley Bowen是波士顿的一位自由作家，经常为科技出版物撰写文章。联系方式：ted_bowen@hotmail.com。

Peter Criscione是科罗拉多州玻尔得麦格劳-希尔公司旗下普氏能源信息公司的研究助理，主要撰写建筑科技，包括越冬维护、暖通工程及自然通风与照明等方面的文章。

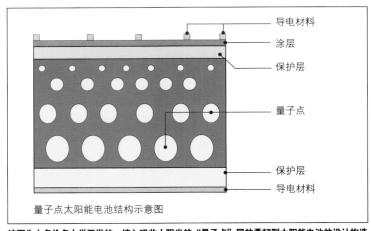

量子点太阳能电池结构示意图

导电材料
涂层
保护层
量子点
保护层
导电材料

该图为由多伦多大学开发的、植入吸收太阳光的"量子点"层的柔韧型太阳能电池的设计构造

在未来5年左右的时间内，建筑师和营造商们也许就能够选用成卷的轻、薄、柔韧的塑料薄片式太阳能电池。这种电池是在一个可控制的生产环境下，将含有纳米微晶体的溶液喷洒在一个轻薄、柔韧的感光底层上制成的。据多伦多大学电子与计算机工程教授、首席研究员Ted Sargent介绍，制造商们也可以将溶液涂抹在玻璃或金属表面上。但在露天环境下，将溶液像使用油漆一样涂抹在这些材料

上则不会有效果，Sargent教授说，因为制造过程需要在一个可控的、洁净的环境下进行才能获得成功。

轻薄而且柔韧的太阳能电池将会突破现有的沉重、庞大、安装费用较贵的硅基PV电池的许多局限性。据研究人员介绍，这种量子点也可以用来制造热光伏电池，从燃料燃烧中吸收红外线，还可以应用于医疗诊断，利用红外线检查癌症。

将红外线转化为能源的能力可以使太阳能在更广泛的地理环境下变得更加实用。"设想在某个地区，只有具备了承担电力生产基本成本费用的能力，才有可能使太阳能成为一种经济的能源利用方式。"Sargent说："红外线的一个优势是更容易穿过云层，但重点是，同时吸收红外线和可见光可以获得更大的能量。"

量子点揭开了太阳能电池商业应用的序幕。但是它们的内量子效率——实际达到的电子线路被转换成可用能量的光子数与吸收的光子数的比率——仅为3%，相比而言，目前市场上大多数的PV电池的内量子效率为90%。研究人员正在努力提高这一数字，同时加强量子点对外部光线的吸收以及提高它们的外部能量效率，或者说是有效地从整个光谱范围中吸收太阳能的能力，在不同的光谱范围中吸收更多的太阳光，以确保吸收效率得到增强。

研究人员同时提出了制造太阳能电池与环境保护的利弊权衡问题。制造太阳能电池是一个能量密集型的生产过程，并且含有危险的化学品。多伦多大学研究所使用的硫化铅纳米颗粒"必须封装在胶囊中，并且需要采取妥善的废弃处置措施，例如材料的循环再利用等。"Sargent说。他表示，硫化铅颗粒是"暂时用来展示新技术的。处理硫化铅颗粒的方法廉价、灵活地展示了吸收利用红外线所带来的好处。一旦我们或者其他人开发出更加环保而又具有相同功效的材料，硫化铅就将被取而代之。"

"用量子点将任意材料改造成太阳能收集器，这种方法无疑是迈出了重要的一步。"落基山学院（Rocky Mountain Institute）绿色建筑顾问、建筑师Alexis Karolides说："我们应该想想还有什么其他可能的方法，而不是执著于提高现有光伏技术的效率。"

接下来，植入了量子点技术的太阳能电池和薄片式太阳能电池需要集成到建筑控制系统当中，以及与电蓄能技术例如氢燃料电池相结合。据Sargent说，当对电力需求很大的时候，可能并不一定能碰到阳光充足的日子，这时你就会把能量收集和储存问题结合起来考虑了。

传统硅基太阳能电池板（顶图）经常因为笨重和昂贵的成本而被人嘲笑。佐治亚州理工学院研究人员正在开发轻薄而柔韧性强的有机太阳能电池（上图）

太阳能电池的发展方向是使用有机材料

尽管现有的硅基光伏（PV）电池也有自己的优点，人们还是有各种理由来寻求可以替代它们的新产品。旧产品沉重、庞大、易碎而且外形难看，其生产要求在洁净的生产设施中进行，但却是用绝非洁净的材料和工艺制成的。运输和安装的费用也很昂贵，从而导致建筑成本的增加。

薄膜式太阳能电池是由非晶硅及其他材料制成的，它克服了现有PV电池的部分缺陷，包括重量和灵活性——但是有些新技术自身存在着环境和安全问题。更有发展前景，但还处于萌芽阶段的新产品是有机太阳能电池，它将可能发展成为成本低廉、生产过程更简单洁净、具有更多用途的新产品。

佐治亚理工学院（Georgia Institute of Technology）的研究人员用一种有机多晶半导体——并五苯（pentacene），以及碳分子C60开发出了一种轻便、柔韧的有机光伏电池。并五苯经常被应用于晶体管研究，而C60所属的碳分子家族被称为"巴基球（buckyballs），这是因为它们的原子连接结构与著名建筑学家巴克敏斯特·富勒（Buckminster Fuller）的设计相似。

佐治亚理工学院发明的有机太阳能电池由一个玻璃薄片、氧化铟层、并五苯、碳C60、浴铜灵（Bathocuproine）以及一个铝电极组成。据首席研究员、电子与计算机专业教授Bernard Kippelen说，有机太阳能电池的生产成本低廉，并且在其寿命周期内不会造成环境问题。

对于建筑设计者和营造商来说，有机太阳能电池带来的好处包括低廉的运输成本、简单的使用和安装过程。Kippelen介绍说，有机太阳能电池薄膜只有几微米厚，因此可以很容易的帖服在各种形状的屋顶和墙面上。Kippelen又补充说，然而，有机半导体很容易与空气中的水和氧气发生反应，因此需要有柔韧性很强的塑料片作为衬底，以提供足够的保护。虽然有机太阳能电池的使用寿命是一个问题——它们无法与传统的硅基PV电池长达20~30年的使用寿命相比——但是它们轻巧、成本低廉的特点使得它们可以频繁地被替换。"如果你不得不把旧电池拆下来换上新的，那么每隔两年替换一次是比较可行的，特别是如果你把它们做成一卷一卷的那就更方便了。"Kippelen说。

研究人员发明的这种电池的能量转换效率为3.6%，略高于大多数现有有机电池3.5%的能量转换效率。Kippelen说，他们希望很快能把这一数字提高到5%。他又补充说，在未来几年内，这种电池的能量转化效率可以提高到10%。传统的硅基PV电池的能量转换效率为10%~15%，某些高端产品甚至接近30%。Kippelen强调，从有机太阳能电池的早期产品到实现普遍应用，其间仍有大量的研究工作要做。"有机半导体材料得以普遍应用只有约10年的历史。"他说："关于这种材料的科技不像硅那么先进。随着相关技术的发展，现在还很难说有机太阳能电池的能量转换率究竟能达到多高。"

据Keppelen介绍，一小块佐治亚理工学院研究人员开发的太阳能电池——约1cm²——所提供的电力就足以维持分布式建筑传感器或无线射频识别（RFID）装置运行几年。大一点的电池板或成卷的薄膜电池则可以多坚持5~10年。

从环保的角度来说，有机PV电池的制造过程所带来的环境问题不会像那些用含镉、铜和砷等有害化学物质的原料制成的薄膜型太阳能电池那样严重，Keppelen说。"在制造这些电池时，人们很容易接触到有害的化学物质，而且制造过程也会排放有毒废物，"他说："而我们使用的碳基材料是完全无害的。光伏技术应该是绿色环保的。"

虽然能够逐个控制照明设备的控制系统已经存在[这里展示的是路创（LUTRON）公司的系统]，但是加利福尼亚大学伯克利分校研究使用的传感器能降低系统的成本

备的控制系统进行了一次测试。测试结果表明，照明系统的耗电量下降了40%。测试系统安装在一个拥有8张工作台以及8个照明设备的小型办公室里，由一对开关进行控制。"我们的出发点是为使用者提供在本地的控制。"伯克利分校的一位研究专家、讲师Charlie Huizenga说。

测试结果使得呆板的中央照明控制系统效率低下的缺点变得更加明显，尤其对于开放式办公室来说。"有的人座位靠近窗口，他不必开灯，因为他的座位有充足的自然光；有的人在使用电脑，他不必开灯，只有在阅读或者做其他纸头工作时才需要把灯打开；有的人只上半天班，他可以在进进出出的时候把灯打开或关掉。"Huizenga说。另一个类似但规模更大的测试——控制着大概40盏灯——将在这个夏天进行。

因为新研发的这种低成本无线系统在安装时不需要重新布线，因此用来替换现有建筑的系统是切实可行的；而且网状网络可以确保在新建筑中控制照明设备的精确性。Huizenga介绍说。利用伯克利分校的传感器研究，控制系统可以适用于各种电源。由于继电装置是照明设备的一部分，他们要使用普通交流电源，但是遥控开关和运动传感器可以使用电池。Huizenga说，"我们在考虑用太阳能电池，或机械振动能源为它们提供电力。"其他

研究人员正在开发新型的太阳能电池，包括使用有机化学物质为材料的，以及植入"量子点"的。这些新型电池比现有的太阳能电池能吸收更多的太阳光

照明系统——小智慧发挥大作用

商务楼宇中一半以上的耗电量都消耗在照明系统上，但是如果使用控制系统把照明耗电量控制在实际需求水平，那么耗电量将得以大大降低。加利福尼亚大学伯克利分校正在研发一种无线照明控制系统，它把传感器和开关安装在人们活动密集的地方，这样租户、楼宇物业经理，甚至是公用事业公司都可以控制照明设备的使用，提高使用效率。

伯克利分校研究人员组装了一套可编程无线开关系统的模型，每一个开关都能控制许多单个的照明设备。该系统使用伯克利分校研制的无线传感器，组成一个分布式开关的"网状网络（mesh network）"。这个网络控制的照明设备根据即时的环境变化、预先设定的时间表，或者是公用事业公司发出的指令，既可以手动控制，也可以自动开关。研究人员介绍说，这套系统不依赖于现有的控制协议，比如数字化可寻址调光接口协议（DALI）或楼宇自动化和控制网络协议（BACnet），但是却能与各种新旧照明设备兼容。

2004年春，伯克利分校研制的、可由用户在工作区控制照明设

研究人员开发出了由压电材料提供电力的按钮式开关（压电材料主要是水晶，如果对其施加压力便会产生电压，反之施加电压则产生压缩和膨胀等机械反应）。

将这个系统各个独立的部分——动作传感器、日光传感器、遥控开关以及中央开关——集成在一起是一件复杂而又费钱的工作。这就是为什么只有少数的建筑采用新的照明控制系统。但是伯克利分校研究人员认为，在未来几年内电力价格将会提高，这促使建筑物所有者和使用者为了削减费用而采用新的系统。正在研究中的这种网状网络系统的成本也会随着技术的改进而降低。与旧的系统不同，伯克利分校研制的系统只要几分钟就能安装完毕。Huizenga强调说，"系统维护也是个重要问题——控制器的使用寿命应该能维持15~20年，至少要和镇流器的使用寿命一样长。"他预测说，伯克利分校研制系统的零件大概一年内将在市场上有售。

研究结果"非常令人鼓舞，但同时也表明美国的商务楼宇照明用电过度的情况是多么的严重。"麻省理工学院地区电力分析小组负责人Stephen Conners说。从理论上讲，他补充道，通过无线系统的控制界面可以控制个别的照明设备，也可以控制成组的照明设备——但

这是不是也意味着有人会搞恶作剧，擅自改动你办公室里的照明设备和电视机？采取密码保护等安全措施，就可以排除这个顾虑。Conners说。

新研究可以大大改进暖通系统的节能技术

美国的许多建筑，即便是建筑物中只有少量人在活动（比如学校到了晚上的时候，或者餐厅在午餐与晚餐之间的时段），也按照最大容纳人数环境下的通风标准，全天开启通风系统引入户外新鲜空气。但是印第安纳州普渡大学（Purdue University）最近的一项研究，为改变传统的能源消耗管理方式注入了一针兴奋剂。

虽然在过去的10多年中，人们已经通过使用需求控制技术（DCV），解决了暖通系统由于多变的实际占用水平导致能源浪费的问题。所谓需求控制技术，是以空气中二氧化碳的浓度作为实际占用水平的标准，通过传感器网络将通风系统导入户外空气的水平与建筑物实际占用水平实时地关联起来。实践表明，使用DCV技术每年节约的能源消耗约为每平方英尺1美元。直到现在，DCV设备昂贵的费用以及频繁的维护需求依然限制了这项技术的广泛应用。

但是这项技术在近期得到了改进。10年前，DCV系统使用的传感器成本每个在500~800美元左右；现在许多新的传感器成本只有200美元或更低。另外，有些传感器在使用10~15年后仍能保证精确，这与旧的传感器相比，大大降低了每年维护的成本。同样，许多商务楼宇和学校经常使用的屋顶式空调机增加了传感器功能，这也降低了安装

测试地点	投资回报期（年）			
	办公室	零售店	零售店	学校
加利福尼亚州奥克兰市	6.8	2.1	1.0	4.0
加利福尼亚州埃尔森特罗市	1.9	0.6	0.3	0.9
亚利桑那州菲尼克斯市	3.4	0.9	0.6	1.5
南卡罗来纳州查尔斯顿市	1.1	0.7	0.4	0.9
北达科他州法戈市	1.5	0.3	0.2	0.5

普渡大学研究项目：DCV技术应用测试

资料来源：Jim Braun提供／普氏（Platts）能源信息公司改编

其他州的三个城市（见上表），分别对四种建筑进行了测试——餐馆、零售店、学校、办公室。这些城市的气候具有代表性，而且这四种测试建筑的面积由餐馆的5250ft至零售店的80000ft不等。这项研究将传统暖通系统与使用DCV技术的暖通系统的效果进行了比较。

研究显示，餐馆和零售店在使用了DCV技术后，最具有节约能源的潜力，其节约的能耗相当于某些城市建筑总耗电成本的50%。从所有测试的城市和建筑来看，DCV技术的投资回收期从0.2~6.8年不等，其中有16个项目的投资回收期不到两年，有12个项目的投资回收期为一年或更短。除了办公建筑，其他测试建筑的设计占用率比ASHRAE标准中规定的数字要小——因此实际的投资回收期应该比研究预测的投资回收期更短。

技术的改进和成本的降低，
使得需求控制技术（DCV）更容易
应用于各种建筑类型

DCV系统的人工成本。

普渡大学这项在2003~2004年进行的研究，展示了DCV技术的最新进展，同时也指出了节能技术发展的新契机。普渡大学机械工程教授Jim Braun和他的同事Kevin Mercer，在加利福尼亚州的两个城市以及

随着DCV自身硬件技术的发展，以及可以从互联网上下载的新网络软件工具，使得设计团队可以更容易地判断哪些建筑可以使用DCV技术。这些软件工具包括卡里尔（Carrier）的"逐时分析程序（Hourly Analysis Program）"（www.carrier.com）、霍尼韦尔（Honeywell）的"节能估算程序（Savings Estimator）"（www.honeywell.com），以及埃尔泰斯特（AirTest）的"基于二氧化碳的通风控制与节能分析程序（www.airtest.com）。使用这些程序，用户可以输入关于项目的基本信息，比如建筑类型、规模以及所在地等。软件对这些信息进行处理，为用户提供DCV系统的潜在成本效用分析——它可以帮助降低使用这项技术的风险和不确定性。

"我们希望通过研究，可以提高这项有效节能技术的利用率。" Jim Braun说。他的愿望已经成为了现实：加利福尼亚州和康涅狄格州的两家公用事业公司，正在使用普渡大学的研究成果，开启了能帮助顾客判断使用DCV技术可行性的程序。在不久的将来，所有的暖通系统都将变得更加智能化，可以在建筑物处于空闲的时候自动关闭。

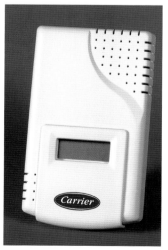

DCV技术通过监控二氧化碳以及其他特殊的控制，来测量建筑物的占用率以及调整户外空气吸入量。普渡大学的研究表明，对于某些类型的建筑来说，DCV技术从财务运作的角度来说是完全可行的

发布信息，请联络 Lulu An
电话：001.212.904.3491/ 传真：001.212.904.3493
lulu_an@mcgraw-hill.com

China:Next
中国：前景

《建筑实录》杂志首次在中国举办的专业国际研讨会

2007年10月30日，星期二
中国上海

是哪些力量在推动中国下一波的建筑设计？

在这场为期一天的研讨会上，包括建筑师、设计师、艺术家、电影制片人、规划师和建筑评论员等在内的各行各业的优秀人士将齐聚一堂，通过现场即兴讨论和对话，探讨中国将来的建筑设计、艺术和都市化进程

The McGraw·Hill Companies　　ARCHITECTURAL　　**RECORD**　　**McGraw_Hill CONSTRUCTION**

如需了解更多信息，请浏览www.construction.com/event/